高等职业教育"十三五"规划教材

CorelDRAW X8 矢量图形设计

主　编　丁锦箫　刘　明

副主编　任航璎　牟向宇

中国水利水电出版社

www.waterpub.com.cn

·北京·

内 容 提 要

本书采用项目驱动式教学法全面系统地介绍了 CorelDRAW X8 的基本操作方法和图形设计的相关基础知识,并对其在平面设计领域的应用进行了深入的介绍。本书共分 9 章,包括 CorelDRAW X8 入门知识、平面设计基础知识、字体设计、标志设计、名片设计、卡片设计、海报设计、DM 单设计,并在最后安排了综合实训内容,进一步提升学生对该软件的应用能力。

本书均以课堂实训案例为主线,通过案例操作,不仅能使学生快速熟悉设计理论理念,还能理论结合实际,深入掌握 CorelDRAW 的相关功能,使学生举一反三,拓展学生的实际应用能力。

本书可作为职业院校数字媒体应用技术类专业"平面设计"课程的教材,也可供矢量图形设计初学者参考学习。

本书配有精心制作的教学资源包,包括 PPT 课件、所有案例的素材及效果文件和拓展延伸,读者可以从中国水利水电出版社网站(www.waterpub.com.cn)或万水书苑网站(www.wsbookshow.com)免费下载。

图书在版编目(C I P)数据

CorelDRAW X8矢量图形设计 / 丁锦箫,刘明主编
. -- 北京 : 中国水利水电出版社,2017.8(2025.1 重印)
高等职业教育"十三五"规划教材
ISBN 978-7-5170-5547-1

Ⅰ. ①C… Ⅱ. ①丁… ②刘… Ⅲ. ①图形软件-高等职业教育-教材 Ⅳ. ①TP391.41

中国版本图书馆CIP数据核字(2017)第150014号

策划编辑:寇文杰 责任编辑:石永峰 加工编辑:冯 玮 封面设计:李 佳

书 名	高等职业教育"十三五"规划教材 CorelDRAW X8 矢量图形设计 CorelDRAW X8 SHILIANG TUXING SHEJI
作 者	主 编 丁锦箫 刘 明 副主编 任航璎 牟向宇
出版发行	中国水利水电出版社 (北京市海淀区玉渊潭南路 1 号 D 座 100038) 网址:www.waterpub.com.cn E-mail:mchannel@263.net(答疑) sales@mwr.gov.cn 电话:(010)68545888(营销中心)、82562819(组稿)
经 售	北京科水图书销售有限公司 电话:(010)68545874、63202643 全国各地新华书店和相关出版物销售网点
排 版	北京万水电子信息有限公司
印 刷	三河市鑫金马印装有限公司
规 格	184mm×260mm 16 开本 11 印张 304 千字
版 次	2017 年 8 月第 1 版 2025 年 1 月第 5 次印刷
印 数	6001—7000 册
定 价	30.00 元

凡购买我社图书,如有缺页、倒页、脱页的,本社营销中心负责调换

前　　言

近年来，随着职业教育的课程改革和教学模式革新，以及计算机硬件的日新月异，市场上很多教材的软件版本、硬件型号和教学结构等方面都已不再适合目前学生的学习和职业院校的教学。

有鉴于此，我们根据教育部最新教学大纲要求，花费1年多的时间深入调研各个职业院校的教材需求，邀请行业、企业专家和一线课程负责人一起，从人才培养目标、专业方案等方面安排教材内容。根据岗位技能要求，引入行业真实案例，以提升职业院校专业技能课的教学质量。

依据"工学结合"的原则和职业院校的教学特色，我们对本书的编写体系做了精心设计。全书依据 CorelDRAW 在设计领域的应用方向来布置章节，每章按照"理论知识——案例演练"的思路进行编排，力求通过理论与实际的练习，不仅使学生能够熟练操作软件，还能掌握设计行业相关最新知识，在任务的驱动下，实现"做中学，学中做"的教学理念。

在内容编写过程中，我们力求细致全面、重点突出；在文字叙述方面，我们注意言简意赅、通俗易懂；在案例选取方面，我们引入行业真实案例，力求案例的针对性和有效性。

本书的教学资源包括以下两方面的内容：

本书配有精心制作的教学资源包，包括 PPT 课件、所有案例的素材及效果文件和拓展延伸，以便各位老师顺利开展教学工作。

本书的参考学时为 64 学时，各章的参考学时分配表见下：

<table>
<tr><th colspan="3">课时分配表（建议）</th></tr>
<tr><th>章节</th><th>授课内容</th><th>讲授课时</th></tr>
<tr><td>第一章</td><td>CorelDRAW X8 入门知识</td><td>2</td></tr>
<tr><td>第二章</td><td>平面设计基础知识</td><td>2</td></tr>
<tr><td>第三章</td><td>字体设计</td><td>6</td></tr>
<tr><td>第四章</td><td>标志设计</td><td>6</td></tr>
<tr><td>第五章</td><td>名片设计</td><td>6</td></tr>
<tr><td>第六章</td><td>卡片设计</td><td>8</td></tr>
<tr><td>第七章</td><td>海报设计</td><td>8</td></tr>
<tr><td>第八章</td><td>DM 单设计</td><td>10</td></tr>
<tr><td>第九章</td><td>综合实训</td><td>16</td></tr>
<tr><td>合计</td><td></td><td>64</td></tr>
</table>

本书由丁锦箫、刘明任主编，任航璎、牟向宇任副主编。同时，感谢我校龚小勇副校长和武春岭副院长对编者的指点与帮助，感谢数字媒体工作室陈浩、王远杰两位同学在本书编写过程中所付出的辛勤劳动。虽然编者在编写过程中倾注了大量心血，但由于编者水平所限，恐仍有疏漏之处，敬请各位读者不吝赐教。

目　　录

前言
第一章　CorelDRAW X8 入门知识 ⋯⋯⋯⋯⋯ 1
　1.1　CorelDRAW X8 概述 ⋯⋯⋯⋯⋯⋯ 1
　　1.1.1　CorelDRAW X8 简介 ⋯⋯⋯⋯ 1
　　1.1.2　CorelDRAW 的应用领域 ⋯⋯⋯ 2
　1.2　CorelDRAW X8 中文版的工作界面 ⋯⋯ 6
　　1.2.1　工作界面 ⋯⋯⋯⋯⋯⋯⋯⋯ 6
　　1.2.2　使用菜单 ⋯⋯⋯⋯⋯⋯⋯⋯ 7
　　1.2.3　使用工具栏 ⋯⋯⋯⋯⋯⋯⋯ 8
　　1.2.4　使用工具箱 ⋯⋯⋯⋯⋯⋯⋯ 9
　　1.2.5　使用泊坞窗 ⋯⋯⋯⋯⋯⋯⋯ 9
　1.3　CorelDRAW X8 基础操作 ⋯⋯⋯⋯ 10
　　1.3.1　文件基本操作 ⋯⋯⋯⋯⋯⋯ 10
　　1.3.2　素材导入 ⋯⋯⋯⋯⋯⋯⋯ 11
　　1.3.3　缩放平移 ⋯⋯⋯⋯⋯⋯⋯ 12
　　1.3.4　选择对象 ⋯⋯⋯⋯⋯⋯⋯ 12
　　1.3.5　复制对象 ⋯⋯⋯⋯⋯⋯⋯ 12
　　1.3.6　对象属性 ⋯⋯⋯⋯⋯⋯⋯ 13
　　1.3.7　多个对象属性 ⋯⋯⋯⋯⋯ 13
　　1.3.8　填充颜色 ⋯⋯⋯⋯⋯⋯⋯ 14
　　1.3.9　图层顺序 ⋯⋯⋯⋯⋯⋯⋯ 15
　　1.3.10　位置调整 ⋯⋯⋯⋯⋯⋯⋯ 15
　　1.3.11　分布和对齐 ⋯⋯⋯⋯⋯⋯ 16
第二章　平面设计基础知识 ⋯⋯⋯⋯⋯ 17
　2.1　平面设计的概念 ⋯⋯⋯⋯⋯⋯ 17
　2.2　平面设计的要素 ⋯⋯⋯⋯⋯⋯ 18
　　2.2.1　文字 ⋯⋯⋯⋯⋯⋯⋯⋯⋯ 18
　　2.2.2　图像 ⋯⋯⋯⋯⋯⋯⋯⋯⋯ 19
　　2.2.3　色彩 ⋯⋯⋯⋯⋯⋯⋯⋯⋯ 20
　　2.2.4　平面构成 ⋯⋯⋯⋯⋯⋯⋯ 20
　2.3　印刷基础知识 ⋯⋯⋯⋯⋯⋯⋯ 26
　　2.3.1　印刷前检查流程 ⋯⋯⋯⋯⋯ 26
　　2.3.2　分色和打样 ⋯⋯⋯⋯⋯⋯ 26

　　2.3.3　纸张类型 ⋯⋯⋯⋯⋯⋯⋯ 27
　　2.3.4　印刷效果 ⋯⋯⋯⋯⋯⋯⋯ 28
第三章　字体设计 ⋯⋯⋯⋯⋯⋯⋯⋯ 29
　3.1　理论基础 ⋯⋯⋯⋯⋯⋯⋯⋯⋯ 29
　　3.1.1　字体设计常识 ⋯⋯⋯⋯⋯⋯ 29
　　3.1.2　汉字字体设计 ⋯⋯⋯⋯⋯⋯ 31
　　3.1.3　拉丁文字体设计 ⋯⋯⋯⋯⋯ 35
　　3.1.4　字体设计方法 ⋯⋯⋯⋯⋯⋯ 37
　3.2　案例演练 ⋯⋯⋯⋯⋯⋯⋯⋯⋯ 43
　　3.2.1　项目 1——"尚街时光"字体设计 ⋯ 43
　　3.2.2　项目 2——"CDR"字体设计 ⋯ 47
第四章　标志设计 ⋯⋯⋯⋯⋯⋯⋯⋯ 52
　4.1　理论基础 ⋯⋯⋯⋯⋯⋯⋯⋯⋯ 52
　　4.1.1　标志设计基本常识 ⋯⋯⋯⋯ 52
　　4.1.2　标志设计的准则 ⋯⋯⋯⋯⋯ 55
　　4.1.3　标志设计的思路 ⋯⋯⋯⋯⋯ 56
　　4.1.4　标志设计的流程 ⋯⋯⋯⋯⋯ 57
　4.2　案例演练 ⋯⋯⋯⋯⋯⋯⋯⋯⋯ 58
　　4.2.1　项目 1——金融产品"乐享筹"标
　　　　　 志设计 ⋯⋯⋯⋯⋯⋯⋯⋯ 58
　　4.2.2　项目 2——"绿禾"有机大米标志
　　　　　 设计 ⋯⋯⋯⋯⋯⋯⋯⋯ 63
第五章　名片设计 ⋯⋯⋯⋯⋯⋯⋯⋯ 70
　5.1　理论基础 ⋯⋯⋯⋯⋯⋯⋯⋯⋯ 70
　　5.1.1　名片常用尺寸 ⋯⋯⋯⋯⋯⋯ 70
　　5.1.2　名片设计要素 ⋯⋯⋯⋯⋯⋯ 70
　　5.1.3　会员卡片 ⋯⋯⋯⋯⋯⋯⋯ 73
　5.2　案例演练 ⋯⋯⋯⋯⋯⋯⋯⋯⋯ 73
　　5.2.1　项目 1——简约名片设计 ⋯⋯ 73
　　5.2.2　项目 2——红酒公司名片设计 ⋯ 80
第六章　卡片设计 ⋯⋯⋯⋯⋯⋯⋯⋯ 87
　6.1　理论基础 ⋯⋯⋯⋯⋯⋯⋯⋯⋯ 87

6.1.1 请柬设计常识 ·············· 87

6.1.2 贺卡设计常识 ·············· 88

6.2 案例演练 ················· 88

6.2.1 项目1——活动邀请函 ······· 88

6.2.2 项目2——新春贺卡 ······· 95

第七章 海报设计 ················ 101

7.1 理论基础 ················ 101

7.1.1 海报常识 ··············· 101

7.1.2 海报的构成 ·············· 101

7.2 案例演练 ················ 106

7.2.1 项目1——相机宣传海报 ······ 106

7.2.2 项目2——溜冰场开业海报 ····· 115

第八章 DM单设计 ················ 125

8.1 理论基础 ················ 125

8.1.1 DM单基础知识 ··········· 125

8.1.2 DM单版式设计 ··········· 126

8.2 案例演练 ················ 129

8.2.1 项目1——商城促销DM单设计 ··· 129

8.2.2 项目2——餐馆DM单设计 ···· 142

第九章 综合实训 ················ 148

9.1 VI系统设计 ··············· 148

9.2 画册设计 ················ 153

9.3 包装设计 ················ 162

第一章　CorelDRAW X8 入门知识

【导言】

熟悉 CorelDRAW X8 的操作界面并掌握其基本操作是学习软件和后期设计作品的基础。本章主要介绍 CorelDRAW X8 的应用领域，讲解 CorelDRAW X8 的工作环境、文件操作方法和版面设置。通过学习这些内容，为熟练操作软件和绘制作品打下最坚实的基础。

【学习目标】

- 了解 CorelDRAW X8 的基本情况
- 熟悉 CorelDRAW X8 的工作界面
- 掌握 CorelDRAW X8 的基础操作

1.1　CorelDRAW X8 概述

本节主要简介 CorelDRAW X8 的基本情况和常见的应用领域。

1.1.1　CorelDRAW X8 简介

CorelDRAW Graphics Suite 是加拿大 Corel 公司（官方中文网站 http://www.corel.com.cn）出品的一款平面设计软件，该软件是一套屡获殊荣、颇受业界好评的图形图像编辑软件。它由两个交互的绘图应用程序组成：一个用于矢量图及页面设计，一个用于图像编辑。这套软件组合提供强大的交互式操作，使用户可创作丰富的点阵图像，创造出动感多彩的特殊效果，并能即时反映在当前操作中而不影响当前工作状态，CorelDRAW 全方位的设计及网页功能充分运用到用户现有的设计方案中，具有较高的灵活性，是平面设计中常用的一种软件。

1989 年 Corel 公司向市场推出了 CorelDRAW，这是平面设计软件领域第一个引入了全色矢量插图和版面设计的程序，填补了该领域的空白。1991 年 Corel 公司又推出了 CorelDRAW 3，使得计算机的多种图形设计功能（如矢量插图、版面设计、照片编辑等）融于一个软件中，可谓是革命性的巨变。

1995 年 8 月 24 日，CorelDRAW 6 和 Microsoft Windows 95 同时发布。伴随 Microsoft Windows 95 走进中国家用电脑市场的同时，CorelDRAW 也第一次被广泛引入中国的设计行业中，开始被国内的平面设计师所熟知与运用。CorelDRAW 8 持续创新，并于 1998 年推出了第一组交互式工具，从而可以对设计更改提供实时反馈。

2012 年 CorelDRAW Graphics Suite X6 发布了迄今为止最强大和最稳健的版本。此版本作为 Corel 推出的一个升级优化版，不仅新增了多种功能、设计工具和模板，同时也进一步优化了 CorelDRAW 的稳定性，还对 100 余种常用文件格式提供兼容性支持。CorelDRAW X6 引入了强大的新版式引擎、多功能颜色和谐和样式工具、通过 64 位和多核支持改进的性能以及完整的自助设计网站工具。

目前，CorelDRAW 常见的历史版本包括 CorelDRAW 9、CorelDRAW 10、CorelDRAW 11、CorelDRAW 12、CorelDRAW X3、CorelDRAW X4，近年常用的官方普及版本多为 CorelDRAW X5、CorelDRAW X6、CorelDRAW X7，目前市面上最新版本是 2016 年 3 月 15 日发布的 CorelDRAW X8。同时，Corel 公司也为 Mac OS 用户提供了 11 个版本。

1.1.2　CorelDRAW 的应用领域

CorelDRAW 被广泛运用于字体设计、名片设计、插画设计、封面设计、宣传册设计、版面设计、包装设计、VI 设计、网页设计、服装设计等多个设计领域。大多数广告设计公司的图形制作都是通过 CorelDRAW 来完成的，是一种常用且易用的设计软件。

利用 CorelDRAW 制作的字体设计欣赏见图 1-1-1 至图 1-1-3。

图 1-1-1

图 1-1-2

图 1-1-3

名片设计欣赏见图 1-1-4 至图 1-1-6。

图 1-1-4

图 1-1-5

图 1-1-6

　　杂志封面设计欣赏见图 1-1-7 至图 1-1-9。

图 1-1-7

图 1-1-8

图 1-1-9

包装设计欣赏见图 1-1-10 至图 1-1-12。

图 1-1-10

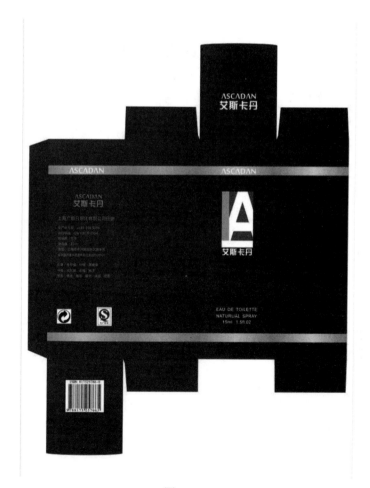

图 1-1-11

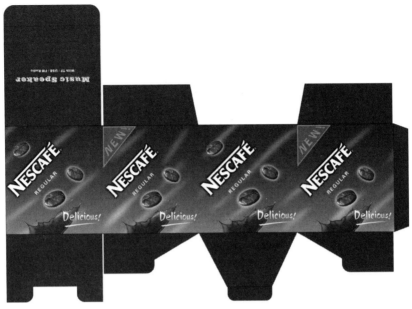

图 1-1-12

1.2　CorelDRAW X8 中文版的工作界面

本节简要介绍 CorelDRAW X8 的工作界面，包括 CorelDRAW 的菜单、工具栏、工具箱和泊坞窗，以便熟悉 CorelDRAW X8 的工作环境。

1.2.1　工作界面

CorelDRAW X8 的工作界面主要由"标题栏""菜单栏""工具栏""工具箱""属性栏""标尺""绘图窗口""页面控制栏""状态栏""泊坞窗"等部分组成，如图 1-2-1 所示。

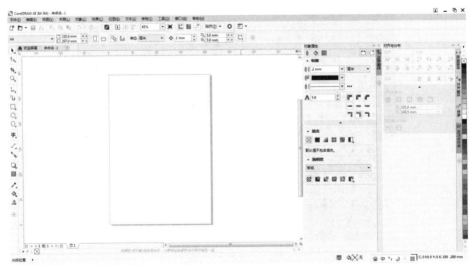

图 1-2-1

标题栏：用于显示软件和当前操作的文件的文件名，还可调整 CorelDRAW X8 窗口大小。

菜单栏：包含下拉菜单选项的区域，菜单内容分门别类地显示 CorelDRAW X8 的所有功能；使用菜单栏完成工作是 CorelDRAW X8 最基本的操作方式。

工具栏：包含菜单和其他命令的快捷方式的可分离栏，为用户提供最常用的集中操作按钮。

工具箱：分类存放了 CorelDRAW X8 最常用的工具，有助于用户简化操作步骤提高工作效率。

属性栏：显示活动对象的各种信息，并提供可修改活动对象的相关工具。

泊坞窗：这是 CorelDRAW X8 的特色窗口，集合了许多常用功能放置在页面边缘，方便用户使用。

标尺：用于决定绘图中对象的大小和位置的水平和垂直边框，是平面设计必不可少的辅助工具。

绘图窗口：以滚动条和应用程序控件为边框的绘图页之外的区域。

页面控制栏：可用于创建新页面。

状态栏：显示当前对象的各种信息。

1.2.2　使用菜单

CorelDRAW X8 菜单栏上设有"文件""编辑""视图""布局""对象""效果""位图""文本""表格、"工具""窗口""帮助"共 12 个大类，如图 1-2-2 所示。

文件(F)　编辑(E)　视图(V)　布局(L)　对象(C)　效果(C)　位图(B)　文本(X)　表格(T)　工具(O)　窗口(W)　帮助(H)

图 1-2-2

单击菜单栏上任意菜单都会弹出其下拉菜单，如图 1-2-3 所示。

图 1-2-3

下拉菜单中最左边为命令图标，其图标和功能与工具箱中的图标一致。

最右边显示的按键组合为快捷键。

某些命令后有"▶"标志的说明还有下一级菜单，将鼠标停放在上面即可弹出下级菜单。

某些命令后带有"…"，表示单击该命令会弹出对话框进行详细设置。

某些命令呈灰色状态，表明当前不可用。

1.2.3 使用工具栏

CorelDRAW X8 给用户提供了自定义工具栏的功能。

工具栏中存放了一些最常用的命令按钮，如图 1-2-4 所示。

图 1-2-4

第一栏提供了如"新建""打开""保存""打印""剪切""复制""粘贴""撤销""重做""搜索内容""导入""导出""发布为 PDF""缩放""全屏预览""显示网格""显示辅助线""贴齐""选项""应用程序启动"等工具。

第二栏提供了"页面大小""页面设置""纵向""横向""所有页面""当前页面""绘图单位""微调距离""再制距离""所有对象视为已填充""快速自定义"等工具。

选择"窗口"→"工具栏"可以选择其他类型的工具栏，如图 1-2-5 所示。

图 1-2-5

1.2.4　使用工具箱

CorelDRAW X8 在工具箱中为用户提供了一系列常用工具，为设计提供了很大的便利。要熟练使用 CorelDRAW X8 就必须要熟悉工具箱的操作，如图 1-2-6 所示。

在工具箱中，依次排放着"选择"工具、"形状"工具、"裁剪"工具、"缩放"工具、"手绘"工具、"艺术笔"工具、"矩形"工具、"椭圆形"工具、"多边形"工具、"文本"工具、"平行度量"工具、"直线连接器"工具、"阴影"工具、"透明度"工具、"颜色滴管"工具、"交互式填充"工具、"智能填充"工具，同样，在最后有一个自定义工具的按钮。

其中，有些带小三角标记的工具，按住它即可展开其工具栏，如图 1-2-7 所示。

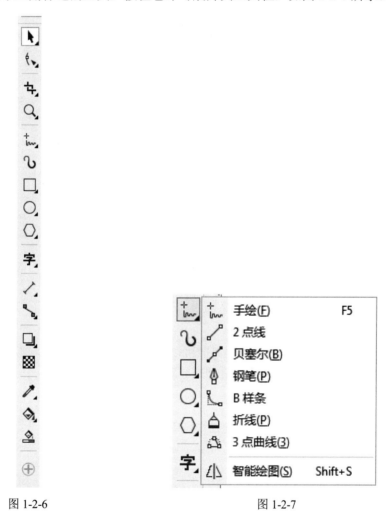

图 1-2-6　　　　　　　　　　　　　　　　图 1-2-7

1.2.5　使用泊坞窗

由于这一窗口在绘图窗口的边沿，因此被称为"泊坞窗"，是 CorelDRAW X8 向用户提供的一项特色服务。选择"窗口"→"泊坞窗"，可以打开相应的"泊坞窗"。当我们打开"泊坞窗"之后，只显示当前活动的泊坞窗，其余的在边缘以标签形式显现，如图 1-2-8 所示。

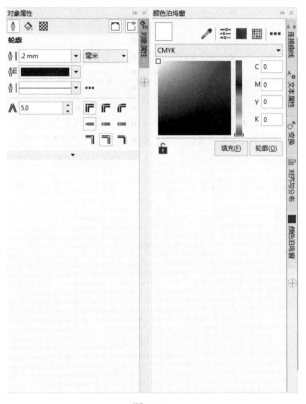

图 1-2-8

1.3 CorelDRAW X8 基础操作

1.3.1 文件基本操作

启动 CorelDRAW X8 后，在欢迎界面可以通过"新建文档""从模板新建"和"打开最近用过的文档"快速实现新建和打开文档的功能，如图 1-3-1 所示。

图 1-3-1

选择"文件"→"新建"（快捷键 Ctrl+N）命令，或者是单击新建文档功能图标，可新建文件，如图 1-3-2 所示。

图 1-3-2

选择"文件"→"保存"（快捷键 Ctrl+S）命令，或单击按钮，可保存文件。

选择"文件"→"另存为"（快捷键 Ctrl+Shift+S）命令，可将文件另存为新文件。

选择"文件"→"打开"（快捷键 Ctrl+O）命令，可以打开之前使用过的 CDR 文件，如图 1-3-3 所示。

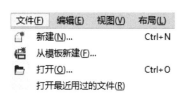

图 1-3-3

1.3.2 素材导入

选择"文件"→"导入"（快捷键 Ctrl+I）命令，或者在工作区空白处单击鼠标右键，选择"导入"（快捷键 Ctrl+I），如图 1-3-4 所示。

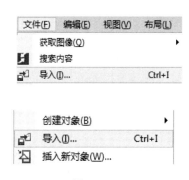

图 1-3-4

选择"文件"→"导出"（快捷键 Ctrl+E）命令，可将文件导出为 JPG、PDF、AI、PNG 等格式的文件，如图 1-3-5 所示。

图 1-3-5

1.3.3　缩放平移

滑动鼠标滚轮缩放，按住鼠标平移，或是选择缩放工具进行缩放（快捷键 Z），选择平移工具进行平移（快捷键 H），按住 F4 键可以显示页面所有对象，如图 1-3-6 所示。

图 1-3-6

1.3.4　选择对象

运用工具箱中的选择工具可以选择对象，如图 1-3-7 所示。

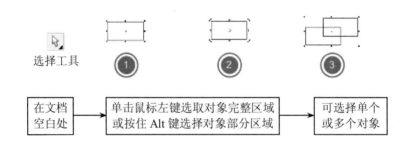

图 1-3-7

单击选择对象可以移动对象位置、缩放对象等，双击选择对象可以选择角度、斜切等；按住 Shift 键可同时选择多个对象；单击鼠标左键选取对象完整区域；按住 Alt 键选择对象部分区域。

1.3.5　复制对象

单击鼠标左键不放拖动对象到合适位置点击鼠标右键，释放鼠标左右键复制对象，如图 1-3-8 所示。

图 1-3-8

使用快捷键 Ctrl+C、Ctrl+V 复制对象，使用快捷键"+"复制对象。

1.3.6　对象属性

可以在对象属性工具栏设置，如图 1-3-9 和图 1-3-10 所示。

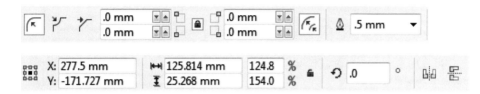

图 1-3-9

图 1-3-10

1.3.7　多个对象属性

组合对象：按 Ctrl+G 组合键或是单击鼠标右键选择"组合"可以组合多个对象。

取消组合：按 Ctrl+U 组合键或是单击鼠标右键选择"取消组合对象"可以取消对对象的组合。

取消全部组合：单击鼠标右键选择"取消所有组合对象"。

对象造型：选择菜单栏"对象"→"造型"，可以对多个对象进行"合并""相交""修剪""简化""移除后面对象""移除前面对象""边界"操作。或者选中对象后在顶部工具栏进行操作，如图 1-3-11 和图 1-3-12 所示。

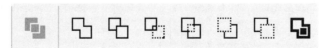

图 1-3-11

图 1-3-12

1.3.8 填充颜色

1. 调色板填充

选择需要填充颜色的对象，鼠标左键点击调色板颜色，填充对象颜色。鼠标右键点击调色板，填充对象轮廓色。鼠标左键点击无填充，取消对象颜色填充。鼠标右键点击无填充，取消轮廓颜色填充，如图 1-3-13 所示。

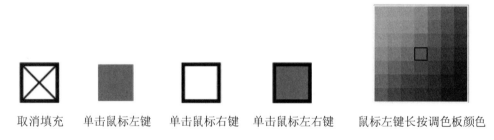

取消填充　　单击鼠标左键　　单击鼠标右键　　单击鼠标左右键　　鼠标左键长按调色板颜色

图 1-3-13

2. 颜色工具填充

颜色滴管工具：可以从其他素材吸取颜色，然后使用吸取的颜色填充对象；交互式填充工具：使用属性栏可以均匀填充、渐变填充、位图填充等；智能填充工具：可以填充多个同一对象色块，提高工作效率，如图 1-3-14 所示。

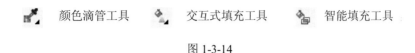

图 1-3-14

1.3.9　图层顺序

点击菜单栏"对象"→"顺序"，或是按相应快捷键，可以选择对象"到页面前面"（快捷键 Ctrl+Home）"到页面背面"（快捷键 Ctrl+End）"向上一层"（快捷键 Ctrl+PageUp）"向下一层"（快捷键 Ctrl+PageDown），如图 1-3-15 所示。

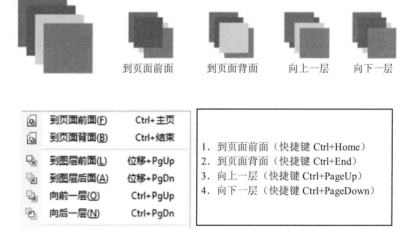

图 1-3-15

1.3.10　位置调整

可通过属性栏和键盘方向键调整对象的位置，如图 1-3-16 所示。

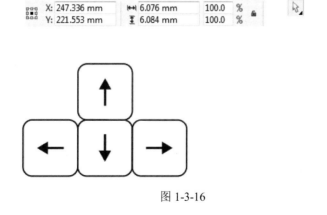

图 1-3-16

1.3.11　分布和对齐

选择两个及以上对象，在泊坞窗中提供相应按钮：左对齐（L）、水平居中对齐（E）、右对齐（R）、顶端对齐（T）、垂直居中对齐（C）、底端对齐（B），如图 1-3-17 所示。

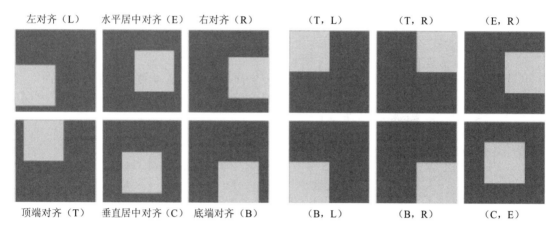

图 1-3-17

第二章　平面设计基础知识

【导言】

平面设计实际上就是将文字信息转化为视觉元素再向读者传递的过程，图形图像的效果处理和矢量图形设计则是平面设计师日常工作中的重要部分。因此，在学习如何设计制作矢量图形之前，我们首先要通过了解平面设计的基本常识来奠定一个基础框架。本章节介绍了平面设计的基本知识，包括平面设计的基础概念和构成要素，矢量图和位图的区别以及印刷基础知识。

【学习目标】

- 掌握平面设计的基础概念和构成元素
- 了解矢量图和位图的区别
- 了解印前检查的流程

2.1　平面设计的概念

平面设计指的是以平面介质（纸张、书刊、报纸等）为载体，以视觉为传达方式，通过大量复制（印刷、打印、喷绘等手段）向大众传播信息的一种造型设计活动。其与视觉传达、印刷设计密切相关。我们通常认为平面设计是兴起于 19 世纪工业革命后的欧洲，在当时被称为印刷美术设计（graphic design），最早使用这一术语的是美国人德维金斯。王受之先生在《世界平面设计史》（中国青年出版社，2002）中把平面设计定义为：所谓"平面设计"，指的是在平面空间中的设计活动，其涉及的内容主要是二维空间各个元素的设计和这些元素组合的布局设计，其中包括字体设计，版面编排，插图、摄影的采用，而所有这些内容的核心是在于传达信息、指导、劝说等，而它的表现方式则是以现代印刷技术达到的。

尽管平面设计是一个起源于近代的术语，但用可视化的符号来传递信息确实古已有之。早在产生语言之前，人类就能直接利用姿势和图像动作来表达信息。在前文字时代，人类留下了许多壁画、记号、印刻、雕塑，现代人类则通过辨析这些历史遗迹来判断当时的人类社会生活情况，这些物品正是平面设计的雏形。

可以说，平面设计在本质上是视觉传达设计，它的要义在于设计师要传递什么信息与如何去传递信息这两点。如图 2-1-1 所示。

因此，我们在进行平面设计时要遵循以下几个原则：

首先是思想性与单一性的统一。我们一提到设计往往会联想到它的近亲——艺术，但平面设计的形式为其内容服务，

图 2-1-1

设计本身不是目的。只有主题思想鲜明，才能真正达到设计的根本目的。而艺术纯粹是一种审美活动，其目的不是传递信息而是创造美。一个好的平面设计或许能成为一副优秀的艺术作品，但一个优秀的艺术作品却不见得是一个好的平面设计。

其次是艺术性与表现性的统一。平面设计体现在传递主题思想时如何使用艺术化的表现语言。总而言之，平面设计就是去考察如何在二维平面上布局、填色，如何合理运用各种设计元素突出主题、创新求变，如何体现设计师的审美情趣、文化涵养。艺术性与表现性的统一是平面设计作品成败的关键。

再次是趣味性与独创性的统一。一个优秀的平面设计作品应当能够对观赏者产生刺激，形成一种情感的互动。因此在平面设计中应考虑如何让原本平谈无奇的事物，通过巧妙地安排形成看点，使传播的信息如虎添翼，起到画龙点睛的作用。

2.2　平面设计的要素

平面构成和色彩构成是平面设计的两大基石，包括了文字、图片和色彩的应用。而我们通常所说的字体设计、海报设计、VI 设计、包装设计等则是平面设计应用于具体的设计领域。

2.2.1　文字

文字是人类思想与感情交流的重要工具，其本身就可以作为一种艺术设计。同时，它在版面中以标题、正文、注释的形式表现，如图 2-2-1 所示。

图 2-2-1

2.2.2　图像

常言道，"一图胜千言"，在平面设计中选择何种图像来传递信息，如何排列布局版面，都会产生不同的视觉效果，是影响信息传递的重要因素之一，如图 2-2-2 所示。

图 2-2-2

1. 位图

位图也称像素图像或点阵图像，是由多个点组成的，这些点被称为像素。位图可以模仿照片的真实效果，具有表现力强、细腻、层次多和细节多等优点。同时由于位图是由多个像素点组成，将位图图像放大到一定倍数时可看到这些像素点，也就是说位图图像在缩放时会产生失真，如图 2-2-3 所示。

2. 矢量图

矢量图形最大的优点是无论放大、缩小或旋转都不会失真，矢量图使用直线和曲线来描述图形，这些图形的元素是一些点、线、矩形、多边形、圆和弧线等，它们都是通过数学公式计算获得的，矢量图形文件体积一般较小。矢量图最大的缺点是难以表现色彩层次丰富的逼真图像效果。Illustrator、CorelDRAW 都是矢量图形设计软件。矢量图的特征是基于矢量的程序特别适用于图例和三维建模，因为它们通常要求能创建和操作单个对象。基于矢量的绘图同分辨率无关，这意味着它们可以按最高分辨率显示到输出设备上，如图 2-2-4 所示。

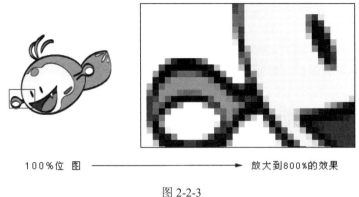

100%位图　　　　　　　　　　　　放大到800%的效果

图 2-2-3

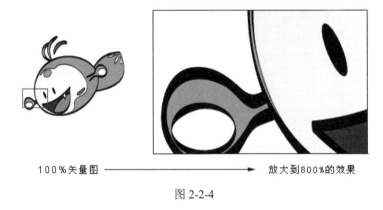

100%矢量图　　　　　　　　　　　放大到800%的效果

图 2-2-4

2.2.3　色彩

　　色彩是把握人的视觉的关键所在，也是平面设计表现形式的重点所在。有个性的色彩，往往更能抓住观赏者的视线。色彩通过结合具体的形象，运用不同的色调，让观众产生不同的生理反应和心理联想，树立牢固的形象，产生悦目的亲切感。色彩不是孤立存在的，它必须体现平面设计作品中其他元素的质感、特色，起到美化、装饰版面的作用，同时要与环境、气候、欣赏习惯等方面相适应，还要考虑到远、近、大、小的视觉变化规律，使广告更富于美感。

2.2.4　平面构成

　　平面构成即视觉形象的构成，也就是在平面中如何去运用点、线、面等元素通过多种手法创造图形，形成美的形式规律。平面构成强调形态之间的比例、平衡、对比、节奏、律动，同时讲究图形给人的视觉引导，具有美的价值。

　　平面构成是当代平面设计的灵魂，其注重的不是技法与技巧，而是独特的构思、形体的合理组合以及美的感觉。因此，平面形态的造型语言、造型方法以及造型心理效应就是平面构成的主要内容。造型语言主要包括概念元素和视觉元素，概念元素指的是点、线、面，视觉元素指的是方向、位置、空间、重心。这些元素并非独立存在，而是相辅相成的，它们通常包含在一个或多个形态之中，并相互作用，相互影响。

点是一种只有位置，没有大小、宽度和厚度的元素，它是线的开端和终结，或是两线的相交处。我们通常将点视为小圆点，但点的形态并不仅限于此，任何形态都可以构成点，点也可以是方形的、菱形的或是扇形的，如图 2-2-5 所示为几何意义上的点，图 2-2-6 所示为自然世界中的点，图 2-2-7 所示为平面设计中的点。

图 2-2-5

图 2-2-6

图 2-2-7

作为单个的点，它是力的中心。当画面中只有一个点时，人们的视觉就集中在这个点上，具有紧张感。因此，在平面设计中，点具有张力作用，引导读者的视线聚焦，造成心理上的扩张感，如图 2-2-8 所示。

图 2-2-8

　　当画面中的点以两个或多个的形态出现时，点会以组合的形态出现，并接近线或面的性质，如图 2-2-9 至图 2-2-11 所示。

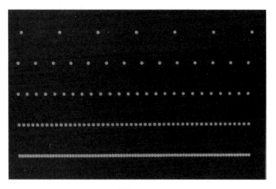

图 2-2-9

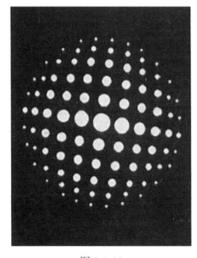

图 2-2-10

图 2-2-11

线是点移动的轨迹，没有宽度和厚度，具有长度和位置。无论多复杂的线都能够将它归纳成直线和曲线，任何线都是以这两种线作基础发展而来，如图 2-2-12 所示为几何中的线，图 2-2-13 所示为自然形态中的线，图 2-2-14 至图 2-2-16 所示为平面设计中的线。

图 2-2-12

图 2-2-13

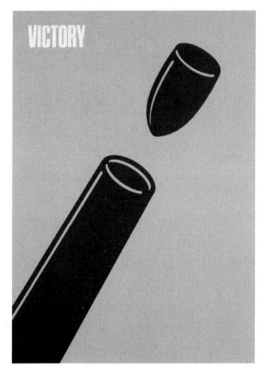

图 2-2-14

图 2-2-15

图 2-2-16

　　面具有长、宽两度空间，它由点和线构成，在造型中能形成各式各样形态，是设计中的重要因素。

　　面可以被分为直线形、曲线形、自由曲线形和偶然形。直线形的面具有直线所表现的心理特征。比如正方形，最能强调垂直线与水平线的效果。它能呈现出一种安定的秩序感。在心理上具有简洁、安定、井然有序的感觉，它是男性性格的象征。

　　曲线形的面比直线形柔软，有数理性、秩序感。特别是圆形，能表现出几何曲线的特征。

　　自由曲线形是不具有几何秩序的面的造型，这种曲线形能较充分地体现出作者的个性，往往是最能引起人们情趣的造型，如图 2-2-17 至图 2-2-20 所示。

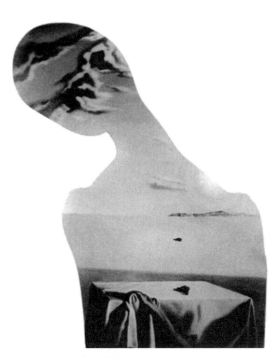

图 2-2-17

图 2-2-18

图 2-2-19

图 2-2-20

2.3 印刷基础知识

CorelDRAW 提供了强大的打印功能，使得用户可以根据需要设置不同的属性和版面，并利用预览功能，在印刷前进行检查发现错误及时修正。

2.3.1 印刷前检查流程

一般而言，印刷前检查包括以下几个环节：

①与客户沟通，明确设计和印刷要求。

②根据要求进行样稿设计，包括版面的构成、文字、图形、色彩和拼版等。

③输出黑白和彩色样稿，让客户检查。

④根据客户意见修改样稿并再次沟通，直到定稿。

⑤定稿后输出菲林。

⑥印刷前打样。

⑦送交客户检查印刷打样，如有问题则修订并输出菲林。

2.3.2 分色和打样

分色指的是将原稿上的各种颜色分解为黄、品红、青、黑四种颜色，在运用计算机辅助设计时，分色就是将图像颜色转换为 CMYK 模式。现在，网上的图像、数码相机拍摄的照片大都是 RGB 模式，RGB 模式适宜在电子媒介上传递，而 CMYK 模式则适合打印的纸质成品，因此在印刷前必须进行分色。

打样指的是模拟印刷，以反映阶调和色调能否取得良好的合成效果，并作为修正或再次制版的依据。

在印刷或输出设计作品前，为避免文本在其他终端或设备上显示出现错误，或是印刷颜色与计算机显示颜色不符的情况发生，需要对作品进行文字转曲和转化色彩模式。具体操作步骤如下：

1. 文字转曲

打开设计作品，选择"编辑"→"全选"→"文本"菜单命令或选中需要转曲的文字，按 Ctrl+Q 组合键转换为曲线。在完成转曲后，选择"文本"→"文本统计信息"命令，打开"统计"对话框，可以查看到文本的个数和使用的字体信息，以免遗漏转曲。

2. 分色

选择"位图"→"模式"→"CMYK 颜色"菜单命令，就可以把位图颜色转换为 CMYK 模式。选择"编辑"→"查找和替换"→"替换向导"菜单命令，打开"替换向导"对话框，如图 2-3-1 所示。单击"下一步"按钮，在打开的对话框中用来替换的颜色模型选择 CMYK，单击"填充"按钮，将所有矢量图形的填充色转换为 CMYK 模式，如图 2-3-2 所示。选择"轮廓"单选按钮，用相同的方法将所有矢量图形的轮廓色转换为 CMYK 模式。

3. 检查

在文字转曲和分色完成后，选择"文件"→"文档信息"菜单命令，在"文档信息"对话框中查看当前文件的相关信息，确认文字转曲和分色工作是否已完成，检查是否有遗漏。

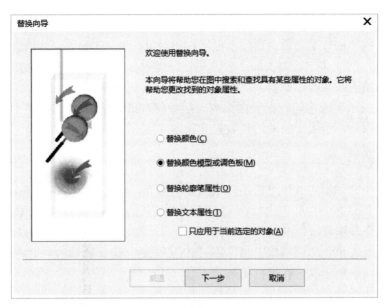

图 2-3-1

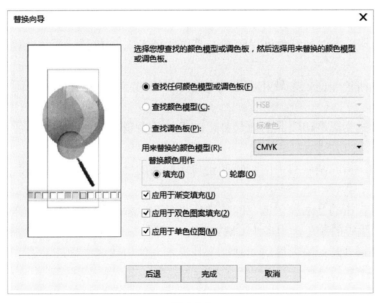

图 2-3-2

2.3.3 纸张类型

平面设计中设计的纸张类型主要是印刷用纸，印刷用纸一般分为以下几类：

新闻纸：新闻纸一般用于报纸。其纸质松软、吸墨能力强。但时间长了容易发黄，抗水性较差，不易于保存。同时，新闻纸在表现色彩方面能力较差。

凸版印刷纸：凸版印刷纸适用于凸版印刷，纸张性能与新闻纸类似，但抗水性、色彩表现能力优于新闻纸。

铜版纸：又称为胶版印刷纸，分为单面铜版纸和双面铜版纸。单面铜版纸的一面平整光滑，能有很好的色彩表现力，但另一面却粗糙不平，不能取得很好的印刷效果。而双面铜版纸两面都有很好的印刷效果，适合需要双面印刷的对象，譬如 DM 单、相册等。

凹版印刷纸：凹版印刷纸的表面十分洁白，硬度较强，具有良好的抗水性和保存性能，主要用于邮票、精美画册等印刷要求高的作品。

白板纸：白板纸质地均匀，在表面涂有一层涂料，纸张洁白且纯度高，可均匀吸墨，抗水性和耐用性都很好，常用于商品的包装盒和挂图。

2.3.4 印刷效果

在平面设计中，印刷的效果是影响印刷质量的重要因素。通常有以下几种印刷模式：

单色印刷：即只有一种颜色进行印刷，是成本最低的印刷模式，根据浓淡不同能显示出黑色和灰色，用于印刷要求不高的单色书籍。

套色：套色是在单色印刷基础上再印刷 CMYK 中的任意一种颜色，这种印刷成本也比较低。报纸就是采用套色印刷，在单色的基础上套印洋红色。

专色印刷：由于金色和银色在一般的打印机的 CMYK 墨水中很难达到良好的表现效果，需要用专门的油墨来表现。不同印厂的专色数值也可能不一样，因此在使用专色印刷前必须同印厂做好沟通。如果在设计中自定义了非标准色，印厂不一定能够准确调配，因此在通常情况下设计时一般不使用自定义的专色。

双色印刷：即使用两种颜色进行印刷，通常是 CMYK 中的任意两种颜色进行印刷，成本高于单色印刷。

四色印刷：四色印刷效果最好，但成本也是最高的，全彩杂志和商业画册经常使用四色印刷。

除了印刷模式会影响印刷品的效果外，图像的质量也很重要，评价图像质量的内容包括以下几方面：

图像的阶调：指的是原稿中的明暗变化与印刷品的明暗变化的对应关系，以达到最佳的复制效果。

色彩的复制：指的是两种色域空间的转化以及颜色数值的对应关系。评价印刷品的色彩复制主要依据原稿中的颜色是用多少 CMYK 值表示的，是否有达到最佳设置。

清晰度的强调处理：清晰度的处理能弥补原稿图像中边缘模糊的问题。评价清晰度的复制主要是看不同类型的原稿，是否采用了相应的处理，以达到相应的观看要求。

第三章 字体设计

【导言】

文字是平面设计中基本的组成要素，没有文字的说明，作品的含义就不易被受众所理解。设计师通过对文字的造型来传达信息、强调重点、倾诉情感，是视觉传达艺术的基本表征方式。一个契合主题、设计精巧的字体能瞬间获得受众的注意力，在受众认知中留下产品信息的印记，有画龙点睛之用。反之，一个不协调的字体也会使一个设计作品黯然失色。本章通过"尚街时光"和"CDR"两个字体设计案例，讲解文字设计的方法和制作技巧。

【学习目标】

- 了解字体的基本常识
- 领悟字体设计的思路
- 策划字体设计的方案
- 熟练使用 CorelDRAW 中的椭圆工具、矩形工具、形状工具、填充工具

3.1 理论基础

3.1.1 字体设计常识

字体设计与文字的诞生是密切联系的，文字的出现是人类文明史上的一次飞跃，大部分生物体都具有语言或表达能力，而只有人类创造了文字。因有了文字，人类的语言得以记录，人类的文化得以保存，人类的历史能够传承，人类的文明因而繁盛。

回溯文字诞生的过程，能发现文字其实同视觉表达有天然的联系。从文字的起源来看，无论是中国古代的甲骨文，还是西方的楔形文字，都是从图画形态发展而来。因此，文字除了表意功能外，同图案一样有象形功能，如图 3-1-1 所示为甲骨文同汉字对照，图 3-1-2 所示为美索不达米亚楔形文字，图 3-1-3 所示为古埃及象形文字。

图 3-1-1

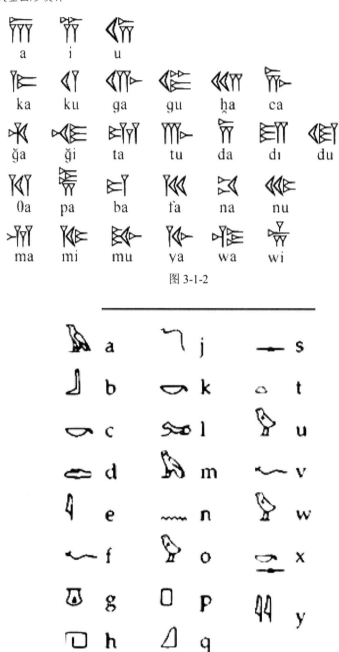

图 3-1-2

图 3-1-3

　　随着图画和文字的结合与演进，图形文字由简至繁，最终进化为如今我们所见的文字形态，如图 3-1-4 所示。现今世界上有两大主要的文字体系，一个是以中国汉字为代表的表意文字，一个是以英文为代表的表音文字。汉字是形意结合，而英文则由线条符号构成。两种文字天然不同的构成特质，影响了设计师文字创意时的思路。

　　字体设计是对文字的笔画、结构、大小和间距进行装饰和美化，使特定文字具有独特性、艺术性、观赏性，从而充分表达信息的核心内容，它属于平面视觉设计的重要组成部分，是对文字的形象进行艺术处理，以增强文字的传播效果。文字作为视觉形象符号，它既有识别性，也有美观性。字体设计包括了形式和内容两方面，其目的是为文字和创意提供一个表达的载体，与此同时让观者能够获取和收集到实在的信息。

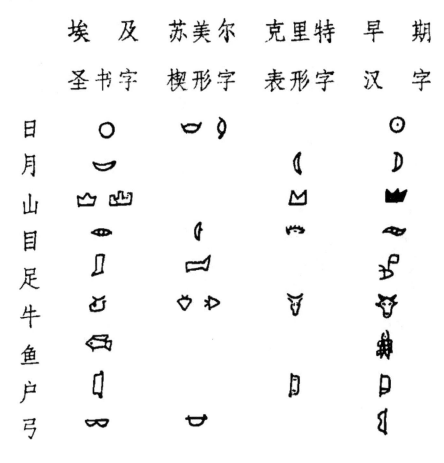

图 3-1-4

3.1.2　汉字字体设计

汉字常常被人们称为"方块字"，由此可见，结构方正、规整是汉字异于拉丁文字的显著特点。汉字的最小构成单位为笔画，构字方式分为独体和合体。独体字如人、山、万等。合体字则往往是由多个意向构成，多由偏旁部首和独体字结合而成，如湖、氢、明等。在进行汉字字体设计时，应从笔画和偏旁结构入手，改变文字原有的形体特征以创造出审美价值。

1. 手写体

汉字分为手写体和印刷体。与西方文字不同，汉字讲究形意美，由此形成了中国独特的书法文化。在东方文化中，书法是最精粹、最受尊崇的艺术形式之一。它有着悠久的历史传统，是艺术技巧和传统的儒家思想的完美结合。从最早的甲骨文到金文，后又有篆书、隶书，以及时至今日人们手写最常用的楷书、行书和草书。这几种字体是汉字最基本的书法体，在此基础上中国人又创造了瘦金体、小楷等多种书法形式。

　　汉字的书法创作是一种特殊的艺术活动，它有着自身的艺术规律。字体设计与书法艺术不是一回事，但两者又有着一定的联系。字体设计要重视吸收书法艺术的成果，以丰富字体设计的内容，提高字体设计的艺术效果。

　　不同汉字手写体的比较如图 3-1-5 所示。

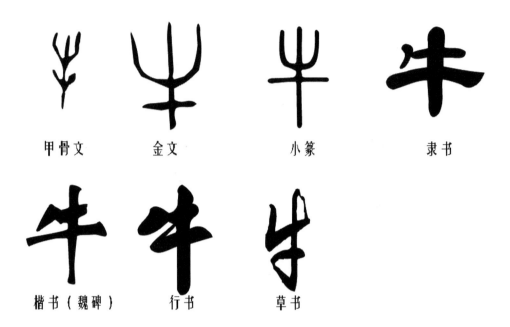

图 3-1-5

2. 印刷体

　　就字体而言，作为"手写体"对应的概念"印刷体"特指以几何线型组成的字样。同时又用"活字印刷字体"泛称印刷排版系统中的各类字样，包括在手写体的基础上加工而成并保留手写风格的字体。印刷体是字体设计的基础，而字体设计则是印刷体的发展，它们构成了字体设计的主要内容。

　　字体设计与书法体、印刷体的关系如图 3-1-6 所示。

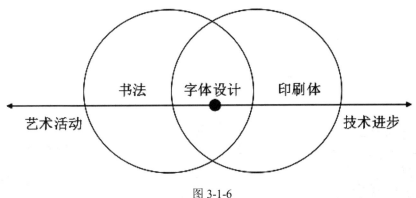

图 3-1-6

汉字的基本印刷字体发源于楷体，成熟于宋体，繁衍出仿宋、黑体及现代的多种字体。

宋体的特征是横细竖粗，点如瓜子，撇如刀，捺如扫。它在起笔、收笔和笔画转折处吸收楷体的用笔特点，形成修饰性"衬线"的笔型。宋体是现代汉字字体中最基本、最常用的形制。在宋体的基础上结合楷书特点的字体为仿宋体，笔画横竖粗细均匀，在平面设计中常用于注解性、说明性的文字。

仿宋体虽然与宋体有些相似，但横竖笔画几乎一致，笔画两端有毛笔起落的笔迹，竖画直而横画略向右上方上翘 3°左右，如图 3-1-7 至图 3-1-10 所示，依次为宋体、华文中宋、创艺简仿宋和华文仿宋。

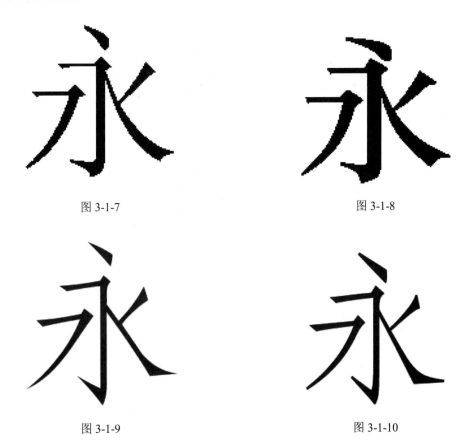

图 3-1-7   图 3-1-8

图 3-1-9   图 3-1-10

　　黑体，又称"方体"。与宋体和仿宋是以书法文字为根基不同，黑体吸收了英文印刷体的特点，于 20 世纪初在日本诞生，黑体结构方正规整，横竖等粗，笔画粗重，量感较强，常常用于标题制作，如图 3-1-11 至图 3-1-13 所示依次为创艺繁超黑、华文细黑、文鼎粗黑简，图 3-1-14 所示为宋体、仿宋体、黑体对比。

图 3-1-11　　　　　　　　　　图 3-1-12　　　　　　　　　　图 3-1-13

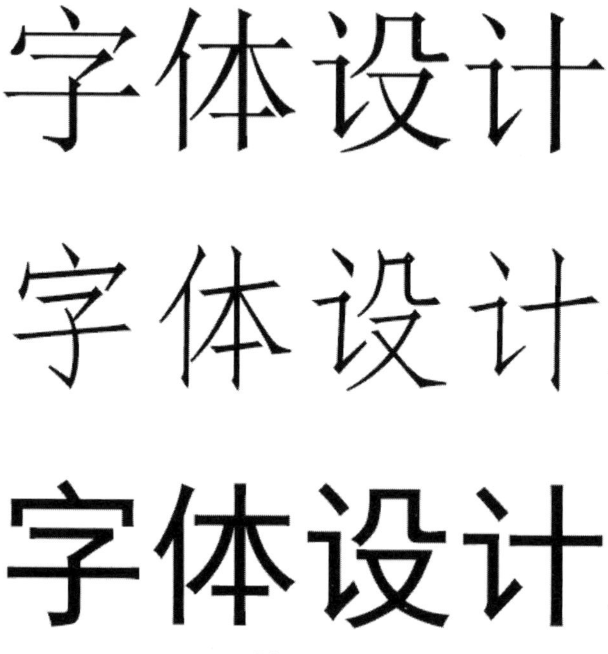

字体设计

字体设计

字体设计

图 3-1-14

　　此外，楷体、魏碑、隶书等书体也都有成系统的印刷字体。

　　以图 3-1-15 为例，汉字的顺序实际上并不影响人们对内容的阅读理解。在进行字体设计时，可以大胆地尝试打破文字顺序来突出设计的重点，呼应主题。

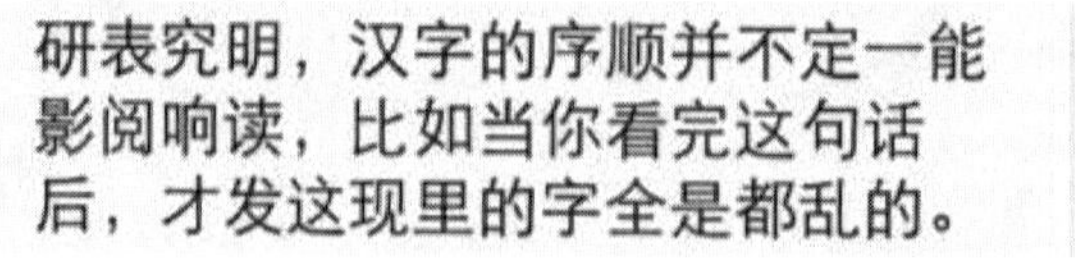

研表究明，汉字的序顺并不定一能
影阅响读，比如当你看完这句话
后，才发这现里的字全是都乱的。

图 3-1-15

3.1.3 拉丁文字体设计

拉丁文字是以字母发音构成，涵盖范围包括英语、法语、西班牙语等。其中英语已成为当今世界上最广泛使用的文字，任何一台电脑字体库中都有数百种英文字体。拉丁字母多由线条构成，字体的设计亦是通过线条构造、形变来实现。

1. 种类

拉丁文字体中最常使用的有罗马体、哥特体、无饰线体和方饰线体等。新罗马体（Times New Roman）衬线细长笔直，笔画粗细迥异，是最为典型的拉丁文印刷体，使用最为广泛，常用于正文。无饰线体（the type of nakedness）即为黑体，笔画粗细统一，结构紧致，无装饰线。因此黑体显得厚重大方，有醒目、冲击强的特征，常用于标题、标语，如图 3-1-16 和图 3-1-17 所示为哥特体、新罗马体。图 3-1-18 所示为罗马体、无饰线体、手写体对比图。

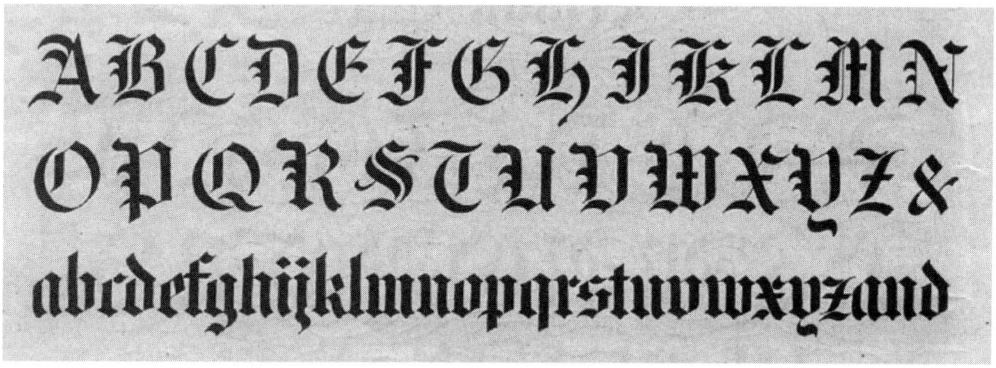

图 3-1-16

Love

图 3-1-17

Typeface Design 新罗马体

Typeface Design 无饰线体

Typeface Design 手写体

图 3-1-18

在西方，书写主要是为了日常交流，由于书写方法采用单纯的笔和墨水，加上有限度的技巧，文字的样式更多地走向装饰趣味的方向，而不如中国书法千变万化，多彩多姿，如图 3-1-19 所示。

图 3-1-19

2. 设计思路

从单个字母的设计看，英文字母由线条组成，或弧线或直线，字体设计以改变线条关系为主。从多个字母的组合看，要考虑字距、词距、行距三组关系。由于拉丁字母的基本造型可分为方形、三角形、圆形，其字距不能完全等分，要依据视觉平衡做出调整。依据惯例，拉丁字母大写单词间的距离为"H"的宽度，小写单词的宽度为"n"。在行距的设置上，为了保证人眼阅读的舒适性，大写字母一般行距为字母高度的二分之一；小写字母一般为三分之一。在进行字体创作时，根据需求可以调整字距、词距、行距来反映文字的主次关系，将受众的注意力吸引到关键元素上，如图 3-1-20 所示为大写英文字母行距，图 3-1-21 所示为英文字母字距，图 3-1-22 所示为英文字母基本形状。

THE STUDENT'S UNION PLAYS AN
ESSENTIAL ROLE IN OUR CAMPUS IN
LIFE

图 3-1-20

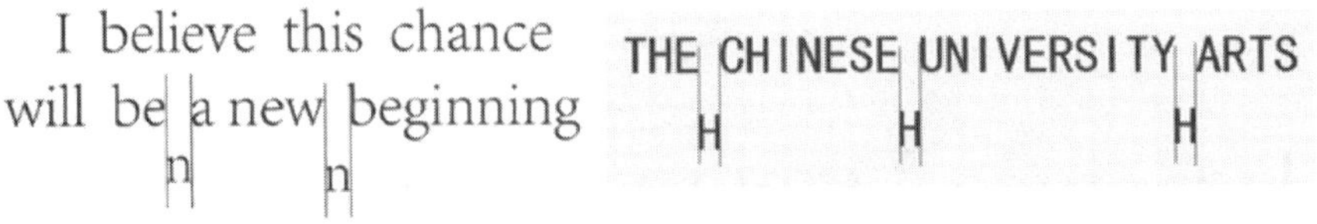

图 3-1-21

图 3-1-22

3.1.4　字体设计方法

（一）笔画形态的变化

1. 笔画变形

字体设计是从笔画和结构入手。尤其是由笔画和偏旁部首组成的汉字，抽象的点、横、竖、撇、捺是构成笔画最必需的元素，而笔画又是构成字体的最基本的单位，如图 3-1-23 所示。

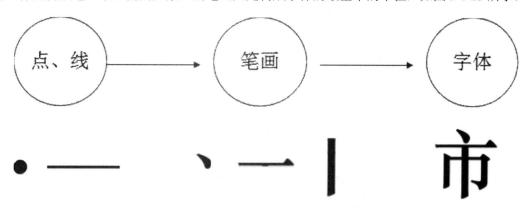

图 3-1-23

通过对笔画的形态做一定的变异，这种变异是在基本字体的基础上对笔画进行改变，如图 3-1-24 所示。

图 3-1-24

①笔画的变形可以用统一的元素来替代，如图 3-1-25 所示。

图 3-1-25

②在统一形态元素中加入另类不同的形态元素，如图 3-1-26 所示。

图 3-1-26

③拉长或缩短字体的笔画，如图 3-1-27 所示。

图 3-1-27

通过放大、缩小文字的笔画，或是对偏旁部首用统一的元素进行形变，从而突出文字的核心信息。

2. 笔画共用

文字可视为是由线条和图形构成的符号，在设计时可以从纯粹的构成角度，从抽象的线性视点，来理性地看待这些笔画的同异，分析笔画之间相互的内在联系，寻找它们可以共同利用的条件。借用笔画与笔画之间，中文字与拉丁文字之间存在的共性而巧妙地加以组合，如图 3-1-28 所示。

作品名称：高山流水　设计者：詹凯

图 3-1-28

（二）具象性变化

　　根据文字的内容意思，用具体的形象替代字体的某个部分或某一笔画，这些形象可以是写实的或夸张的，但是一定要注意到文字的识别性。

　　①直接用与文字相关的形象来传达，如图 3-1-29 所示。

图 3-1-29

图 3-1-29（续图）

②运用相关的符号、形象间接地隐喻出文字的内涵，如图 3-1-30 所示。

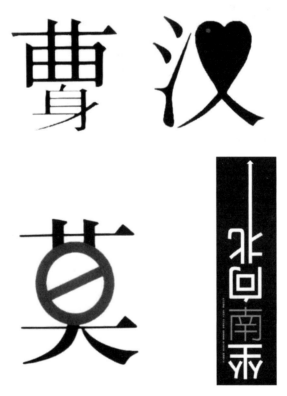

图 3-1-30

图 3-1-30（续图）

3.2　案例演练

3.2.1　项目1——"尚街时光"字体设计

一、案例分析

通过本案例的学习，应能够熟练使用 CorelDRAW 的椭圆工具、矩形工具、形状工具、填充工具制作艺术字体。

二、方案策划

"尚街时光"是 X 市大学城新开的一条商业步行街，X 市大学城现常驻人口为 58 万，已形成了一个消费力较强的群体。依据"尚街时光"的经营理念和目标消费者，将字体设计得较为方正，以便于给消费者带来醒目和有冲击力的感觉，将部分笔画形变为各种标点符号，以契合年轻人追逐潮流的特点，最终效果如图 3-2-1 所示。

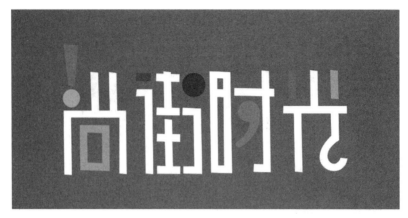

图 3-2-1

三、操作步骤

（1）打开 CorelDRAW X8 软件，单击"文件"→"新建"命令，创建一个新文档。新文档命名为"中文字体设计"，宽度为 200mm，高度为 100mm，渲染分辨率为 300dpi，参数设置如图 3-2-2 所示。

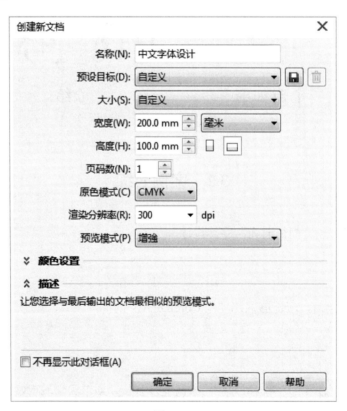

图 3-2-2

（2）选择矩形工具，双击鼠标左键，创建一个与页面宽高一致的矩形，填充颜色为"C53 M43 Y42 K7"，将矩形轮廓色填充为空，如图 3-2-3 所示。

图 3-2-3

（3）使用矩形工具绘制一个竖向矩形，将矩形转换为曲线（Ctrl+Q），使用形状工具调整矩形的形状，填充颜色为"C0 M61 Y95 K0"，轮廓色为空，效果如图 3-2-4 所示。

图 3-2-4

（4）使用椭圆工具在刚刚绘制好的矩形下绘制一个圆，填充颜色为"C1 M20 Y96 K0"，轮廓色为空，效果如图 3-2-5 所示。

图 3-2-5

（5）使用矩形工具在刚刚绘制好的感叹号旁绘制矩形，将矩形转换为曲线，使用形状工具调整矩形形状，填充色为白色，轮廓色为空。将矩形复制一个，效果如图 3-2-6 所示。

图 3-2-6

（6）使用矩形工具绘制一个横向矩形，然后将绘制的矩形复制一个，在属性栏将旋转角度设置为 90°，将矩形转换为曲线，调整形状的角点，然后同时选中两个矩形，设置对齐方式为顶端对齐和左对齐。再将调整好的形状复制一个，对齐到横向矩形，对齐方式为顶端对齐和右对齐，填充颜色为白色，轮廓色为空，效果如图 3-2-7 所示。

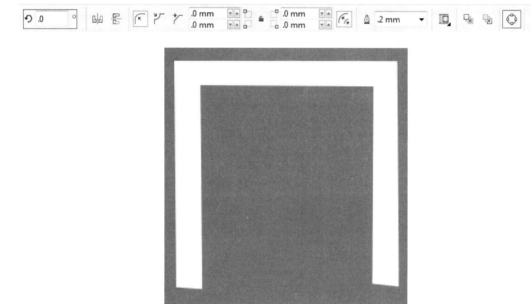

图 3-2-7

（7）使用矩形工具绘制一个矩形，将矩形转换为曲线，调整形状。将矩形复制一个，按住 Shift 键等比例缩小，调整矩形形状。填充一个其他颜色便于区分。按住 Shift 键先选择内部等比缩小的形状，再选择外部形状。在属性栏选择修剪工具，修剪形状，然后删除内部等比缩放形状，给修剪后的形状填充颜色为"C30 M3 Y94 K0"，效果如图 3-2-8 所示。

图 3-2-8

按照上文的方法，运用矩形工具、椭圆工具、形状工具完成剩下的部分。最终效果图如图 3-2-1 所示。

3.2.2 项目 2——"CDR"字体设计

一、案例分析

通过本案例的学习，应能够熟练使用 CorelDRAW 的椭圆工具、矩形工具、形状工具、填充工具制作艺术字，效果图如图 3-2-9 所示。

图 3-2-9

二、方案策划

某校平面设计专业预备面向全校师生进行一次矢量图形创意作品展。"CDR"为展览中放在头版处的标志。为了能够达到醒目的效果，"CDR"字体设计采取了饱和度较高的红、蓝、绿、黄四种颜色，显得醒目活泼，用弧度构成字母的各个部分，使整体风格显得活泼。

三、操作步骤

（1）打开 CorelDRAW X8 软件，单击"文件"→"新建"命令，创建一个新文档。新文档命名为"英文字体设计"，宽度为 200mm，高度为 100mm，渲染分辨率为 300dpi，参数设置如图 3-2-10 所示。

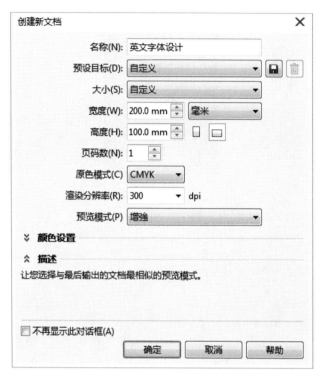

图 3-2-10

（2）选择矩形工具，双击鼠标左键，创建一个与页面宽高一致的矩形，填充颜色为"C1 M1 Y6 K0"，将矩形轮廓色填充为空。如图 3-2-11 所示。

（3）使用椭圆工具绘制一个直径为 60mm 的圆，然后将椭圆复制一个调整直径为 40mm，效果如图 3-2-12 所示。

图 3-2-11

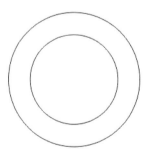

图 3-2-12

（4）使用属性栏的"饼图"，将两个圆形的度数设为 260°，如图 3-2-13 所示。

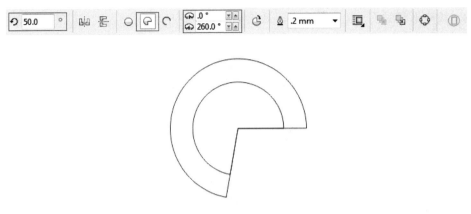

图 3-2-13

（5）选择两个饼图使用修剪工具修剪，然后选择修剪后的形状旋转 50°，效果如图 3-2-14 所示。

（6）使用椭圆工具再绘制一个直径为 10mm 的圆并复制 4 个，使用鼠标拖到相应的位置，效果如图 3-2-15 所示。

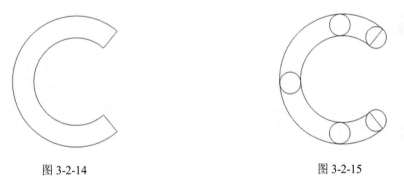

图 3-2-14   图 3-2-15

（7）按住 Shift 键同时选中绘制的 5 个 10mm 的圆形，再选中修剪后的饼图使用简化工具简化。选中简化后的圆饼，点击鼠标右键选择"拆分曲线"，将饼图分成多个独立的形状，如图 3-2-16 所示。

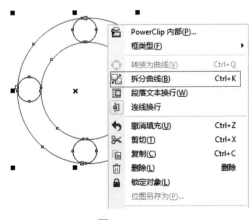

图 3-2-16

（8）填充形状颜色，轮廓色为空，效果如图 3-2-17 所示。

图 3-2-17

（9）绘制一个竖向矩形，宽为 10mm，高为 60mm，圆角为 5mm。具体参数如图 3-2-18 所示。

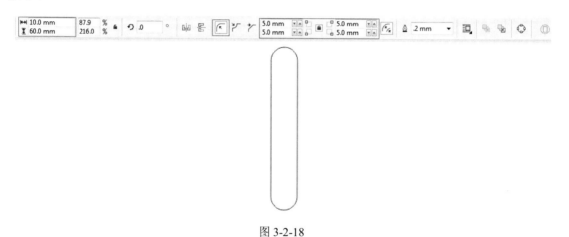

图 3-2-18

（10）将圆角矩形复制一个，与第一个圆角矩形对齐方式为"顶端对齐，左对齐"，再复制一个圆角矩形与第一个圆角矩形对齐方式为"底端对齐"，再绘制两个直径为 10mm 的圆形，效果如图 3-2-19 所示。

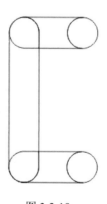

图 3-2-19

（11）绘制一个直径为 60mm 的圆，按照前面绘制字母 C 的方法使用属性栏的椭圆、饼图、修剪、简化等工具绘制字母 D 的另一半形状，填充相应的颜色，效果如图 3-2-20 所示。

图 3-2-20

按照上述方法，完成"R"的绘制，最终效果图如图 3-2-9 所示。

第四章　标志设计

【导言】

当人们在推广和宣传自己的产品或服务时，除了宣传功能之外，往往更注重情感价值等附加因素，以赢得不同客户、对象的认同。而一个服务或一项产品背后的故事、文化内涵无疑会为品牌推广画龙点睛。一名设计师的工作就是找到产品背后的深层含义并将它用标志的方式表现出来。本章通过"乐享筹"和"绿禾"为例，讲解标志设计的方法和技巧。

【学习目标】

- 熟悉标志的基本知识
- 掌握标志设计的准则
- 制作标志设计的方案
- 掌握 CorelDRAW 的文字工具运用，以及通过属性栏修改对象属性的步骤

4.1　理论基础

4.1.1　标志设计基本常识

标志是一种传递特性的视觉符号，一种能传达视觉的图文设计。其以简练、精要、突出的物象、图形或文字符号为直观语言，传递出国家、地区、集团、活动、事件、产品等特定的含义。标志本身作为一种图文集合的大众传播符号，以直观、准确、精简的形象向受众传递某种事物的特征。同时，标志也和其他元素共同构成一幅平面作品。在一定条件下，标志传递信息的功能远强于语言文字。一提起肯德基，人们脑海中第一时间浮现的并非是肯德基的产品，而是肯德基的标志。比起产品内容、企业文化等抽象的含义或概念，标志更易被受众所认知。

标志与商标不同，商标是企业、产品、牌号之间区隔的标志，且经过相关政府机构的审定，并获准登记注册。商标受到法律的保护，其他团体、个人不能在未经授权的情况下使用商标。相对而言，标志的指代范畴更为广泛，它既包括商标，也包含非商业的标识。标志对应的英文是 logo，或是 symbol；商标对应的英文是 trademark，许多外文商标的下角处常附有"TM"就是 trademark 的缩写。

人类运用各种标志来传递信息的历史远远早于用文字来表达含义的历史。早在远古的原始社会，文字尚未诞生之前，各个部落使用的图腾，各种代表物品的符号就是标志的萌芽。中国古代曾以龙、凤凰、朱雀、玄武、青龙、白虎等神兽作为图腾象征。古埃及人崇拜太阳神，在历史浩瀚长河中留下许多太阳神的印迹，苏美尔人和不少游牧民族则以鹰为崇拜对象，象征着无与伦比的飞行力量，如图 4-1-1 至图 4-1-4 所示依次为龙图腾、凤凰图腾、太阳神图腾和鹰图腾。

图 4-1-1

图 4-1-2

图 4-1-3

图 4-1-4

在青铜器、瓦片、瓷器上出现的各种铭文和图样，也可视为标志的雏形，如图 4-1-5 所示。

图 4-1-5　汉代瓦当

标志的发展是随着商业活动发展而来的。在早期的商品交易行为中，有不少物件表明了生产者的姓名、产地，这些标记亦可视为标志的一种。目前，在我国发现的最古老的标志，应是宋朝时山东济南"刘家针铺"所使用的商标，其以门前白兔作为标记，如图 4-1-6 所示。

图 4-1-6

此外，古人们常常使用印章、封印来作为自己或家族的标志。印章、封印也可被视为一种标志，如图 4-1-7 所示。

图 4-1-7

标志作为视觉传达艺术的一个要素，其承载着识别功能、保护功能、传播功能。首先，受众对于一个产品或是一项服务最深刻的印象往往是它的标志，受众通过识别标志能够理解到事物最简要的特性。其次，商标是一种受到法律承认和保护的标志，商标一经注册其他商家不可再用。因此，标志有保护产品或服务特征的价值。再次，由于标志简要精炼，象征了企业的内涵、精神和文化，很容易被广泛传播。

4.1.2 标志设计的准则

1. 精准性

标志作为彰显事物特征的符号，其设计的第一要义就是准确、贴切地表达设计对象的内涵。设计师在进行标志设计时首先要依据客户（企业、机构、组织、团体）的形象和需求进行设计，要明了设计对象的使用目的、使用范畴等情况，同时，要迎合面向受众的心理习惯和文化习俗。正如电影《The King's Speech》在香港被译为《皇帝无言儿》，在中国大陆被译为《国王的演讲》，香港的译名更贴近影片的内容，粤语发音也更为顺口，但不符合大陆普通话的发音习惯，也与大陆文化内涵有一定差异。同样，在标志设计时，也要考虑到受众语言、文字、习俗特征。

2. 简洁性

标志是把事物高度抽象而提炼出的精华，过于复杂的设计反而会成为视觉交流中的障碍。在设计时，首先要提炼出表现事物的特征，并在特征中选择一个最适合视觉传播的要点来作为标志。以设计高尔夫俱乐部标志为例，与高尔夫相关的标志有草地、高尔夫球、旗帜、俱乐部名称、遮阳伞、高尔夫球手等要素，若将所有要素都在标志中体现出来，会使标志显得过于拥挤，不能够突出主体色彩。因此，应当选择 1～3 个特征进行突出，做出视觉效果更强烈的标志。如图 4-1-8 所示为高尔夫俱乐部标志。

图 4-1-8

3. 普适性

标志是一种被用于多种场合的要素，其既可独立成为一幅设计作品，也是其他 VI、DM 单等设计作品中的一个组成元素，因此在设计时需要考虑标志在不同尺寸、不同场合、不同材质上的表现效果。在设计过程中，往往设计师将标志放大后进行设计，但在现实中，标志也常常被用于细微之处。尤其是有的标志中细节较多，一旦缩小便显得模糊不清。同一个标志，无论是在户外大型广告牌还是一张小小的名片上，都应当有同样的传递效果。

4.1.3 标志设计的思路

设计思路包括以下几点：

（1）以组织名称为立足点。大多数企业、品牌、公司、组织机构多以自己的名称作为标志的核心元素，如图 4-1-9 所示。

图 4-1-9

（2）以产品名称为立足点（如图 4-1-10）。

（3）以行业特色为立足点（如图 4-1-11 和图 4-1-12 为泛美航空标志和通用航空标志）。

图 4-1-10

图 4-1-11

图 4-1-12

（4）以历史、文化等人文特色为立足点。

4.1.4 标志设计的流程

1. 调查研究

对组织机构规模、特性、市场环境和产品的核心竞争力、用途以及目标人群等方面进行调查，同客户和受众进行交流沟通，以获得设计标志的创意点。

2. 设计构思

把前期的材料进行逻辑归纳和分析，即标志创作的"破冰"。

3. 绘制草图

根据美学知识、标志设计的基础知识和设计师自身的能力将前期的调研和构思具象化。设计师往往要绘制多个草图，并反复同客户、受众进行沟通，才能够从中筛选出满意的作品。

4. 制作样稿

用 CorelDRAW 将绘制的草图在电脑上表现出来，制作成电子文稿。在草图上看起来效果优良的标志在转为数字形式后视觉性能有可能会发生变化，需要设计师在电脑上对文字、图形、色彩进行反复的调试才能契合到完美。

正稿一般以 A4 大小输出，包括标题、标志、色标、设计者，需要标出标准色的数值。

5. 说明文案

标志设计不仅仅只绘制出图形，还包括辅助性、说明性的文字，以便客户更好地了解设计意图，如图 4-1-13 所示。

图 4-1-13

4.2 案例演练

4.2.1 项目 1——金融产品"乐享筹"标志设计

一、案例分析

本案例将使用工具箱中的矩形工具▢(F6)、椭圆形工具◯(F7)、多边形工具◯(Y)、形状工具▸(F10)、文字工具字(F8)、交互式填充工具◇(G)，以及通过属性栏改变对象属性。最终效果图如图 4-2-1 所示。

二、方案策划

"乐享筹"的配色方案采用了该银行 VI 系统的标准色，即蓝色和绿色。用一个抽象的葵花作为标记，象征了丰收的含义。

图 4-2-1

三、操作步骤

（1）启动 CorelDRAW 程序，单击"文件"→"新建"命令，创建一个新文档。新文档命名为"金融 LOGO 设计"，宽度为 200mm，高度为 100mm，渲染分辨率为 300dpi，如图 4-2-2 所示。

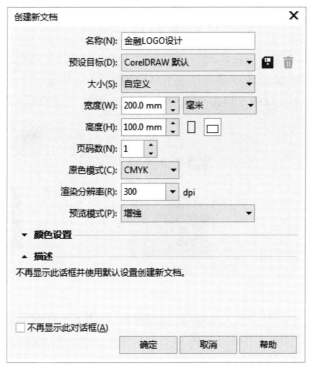

图 4-2-2

（2）在工具箱中双击鼠标左键选择矩形工具，创建一个与页面宽高一致的矩形，单击工具箱中交互式填充工具，在属性栏选择均匀填充。填充颜色为"C1 M1 Y6 K0"，如图 4-2-3 所示。将矩形轮廓色填充为空，如图 4-2-4 所示。

（3）在工具箱中单击多边形工具绘制一个六边形，如图 4-2-5 所示。在工具箱中单击形状工具，选择绘制的六边形垂直边的中间节点，向内拖动，如图 4-2-6 所示。再将绘制的六边形复制一份向内等比缩放，如图 4-2-7 所示。

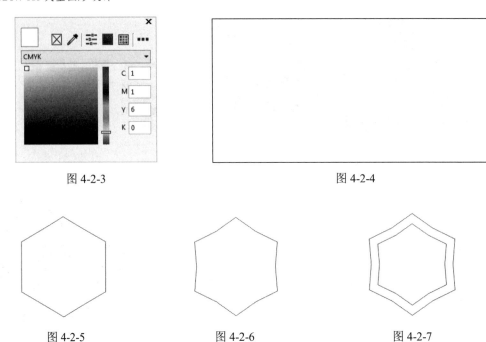

图 4-2-3   图 4-2-4

图 4-2-5   图 4-2-6   图 4-2-7

（4）然后按住 Shift 键先选择内部等比缩小的形状，再选择外部形状。在属性栏中点击修剪工具，修剪形状，然后删除内部等比缩放形状，如图 4-2-8 所示。单击工具箱中交互式填充工具，填充颜色为"C100 M80 Y4 K0"，轮廓色为空。参数设置如图 4-2-9 所示，填充效果如图 4-2-10 所示。

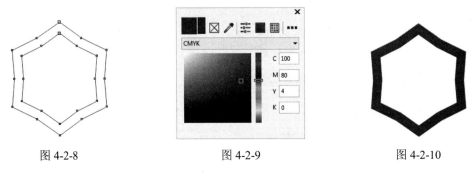

图 4-2-8   图 4-2-9   图 4-2-10

（5）使用工具箱中的椭圆形工具绘制一个椭圆，如图 4-2-11 所示。将椭圆复制 5 个调整到相应位置如图 4-2-12 所示。单击工具箱中交互式填充工具，填充颜色为"C1 M20 Y96 K0"，轮廓色为空，如图 4-2-13 所示。

图 4-2-11   图 4-2-12   图 4-2-13

（6）使用工具栏中的椭圆形工具绘制一个椭圆，如图 4-2-14 所示。然后将绘制的椭圆复制一个，向内部等比缩放，将缩放后的椭圆转换为曲线，通过节点再次调整形状，如图 4-2-15 所示。

图 4-2-14   图 4-2-15

（7）单击菜单栏下的"窗口"，在下拉菜单中选择"泊坞窗"，在泊坞窗展开菜单下选择"变换"，在"变换"子菜单里面选择"旋转"。选中绘制的两个椭圆形，在右侧展开的泊坞窗中设置相应的参数，如图 4-2-16 所示，点击"应用"按钮，如图 4-2-17 所示。

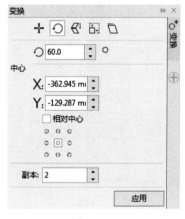

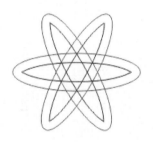

图 4-2-16   图 4-2-17

（8）按住 Shift 键选择外部的三个椭圆形，通过属性栏中的创建边界得到形状，用同样的步骤对内部三个形状通过属性栏创建边界得到形状，如图 4-2-18 所示。按住 Shift 键选择内部形状和外部形状，点击属性栏中的修剪工具得到修剪后的形状，如图 4-2-19 所示。

图 4-2-18   图 4-2-19

（9）单击工具箱中的矩形工具绘制一个竖向圆角矩形，如图 4-2-20 所示。将绘制的矩形调整到合适的位置，如图 4-2-21 所示。选中调整好的圆角矩形，再次点击一次选中的圆角矩形，调整中心点位置，如图 4-2-22 所示。

图 4-2-20   图 4-2-21   图 4-2-22

（10）在右侧"变换"泊坞窗中设置相应参数，如图 4-2-23 所示。点击"应用"按钮，效果如图 4-2-24 所示。

图 4-2-23   图 4-2-24

（11）使用椭圆工具绘制一个圆形，如图 4-2-25 所示。将圆形调整到合适位置，选中绘制的圆形再次点击，调整圆的中心点，如图 4-2-26 所示。

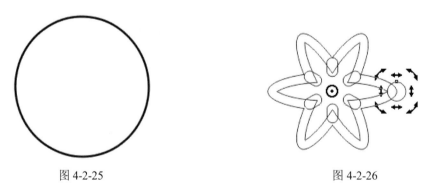

图 4-2-25   图 4-2-26

（12）在右侧"变换"泊坞窗中设置相应参数，如图 4-2-27 所示。点击"应用"按钮，效果如图 4-2-28 所示。

（13）使用鼠标框选绘制的形状，在属性栏中点击"合并"，如图 4-2-29 所示。使用交互式填充工具的渐变填充，填充样式为椭圆形渐变填充，渐变填充颜色为"C0 M0 Y100 K0"和"C61 M2 Y100 K0"，如图 4-2-30 所示。

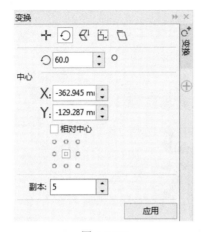

图 4-2-27

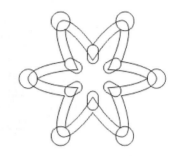

图 4-2-28

图 4-2-29

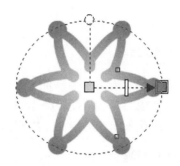

图 4-2-30

（14）使用工具栏中的文本工具输入"乐享筹"，在属性栏中选择字体为"方正粗谭黑简体"，字号为 100pt。使用交互式填充工具填充文字颜色为"C100 M80 Y4 K0"，如图 4-2-31 所示。

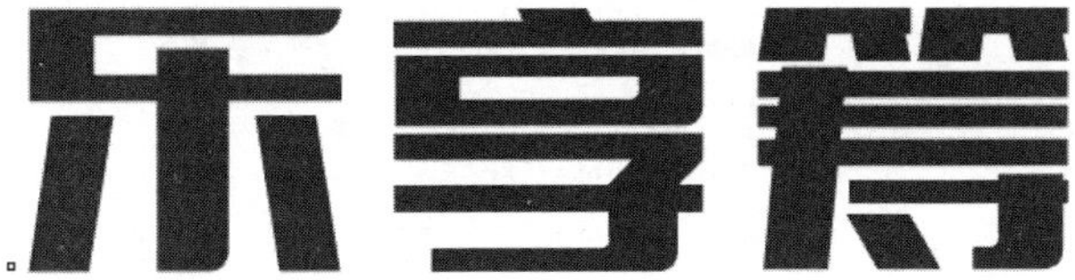

图 4-2-31

（15）调整形状位置和文字位置，最终效果如图 4-2-1 所示。

4.2.2 项目 2——"绿禾"有机大米标志设计

一、案例分析

本案例将使用工具箱中的手绘工具 (F5)、矩形工具 (F6)、椭圆形工具 (F7)、交互式填充工具 (G)、透明度工具 、文本工具 字(F8)以及通过属性栏改变对象属性，最终效果图如图 4-2-32 所示。

图 4-2-32

二、方案策划

"绿禾"标志采用了清新的果绿色和天蓝色，象征着环保、有机的商品特征。突出"绿禾"大米所使用的 7 项科技和经受的 7 重检验，体现了"绿禾"大米的优质。加入水滴图案，借鉴了"汗滴禾下土"的诗文，提醒消费者节约粮食，也从侧面反应了绿禾公司的环保理念。

三、操作步骤

（1）启动 CorelDRAW 程序，单击"文件"→"新建"命令，创建一个新文档。新文档命名为"企业 LOGO 设计"，宽度为 200mm，高度为 200mm，渲染分辨率为 300dpi，如图 4-2-33 所示。

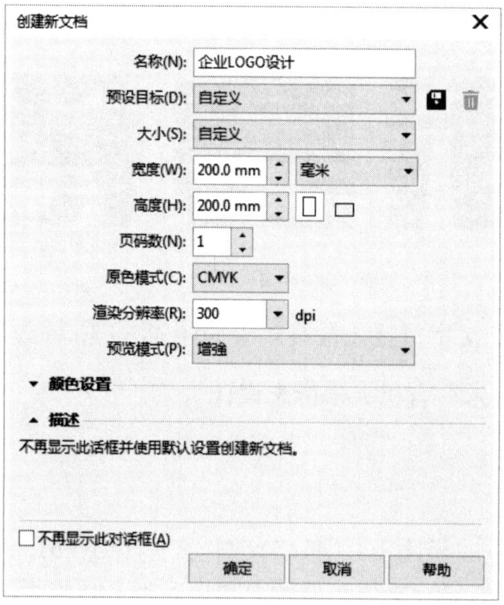

图 4-2-33

（2）在工具箱中双击鼠标左键选择矩形工具，创建一个与页面宽高一致的矩形，单击工具箱中交互式填充工具，在属性栏选择"均匀填充"，填充颜色为"C1 M1 Y6 K0"，如图 4-2-34 所示。将矩形轮廓色填充为空，如图 4-2-35 所示。

图 4-2-34

图 4-2-35

（3）使用椭圆工具绘制横向矩形，将绘制的矩形复制旋转角度为 60°，旋转后调整矩形位置，如图 4-2-36 所示。将矩形转换为曲线，使用形状工具调整矩形形状，如图 4-2-37 所示。按住 Shift 键选择两个调整好形状的矩形，在属性栏中使用合并，效果如图 4-2-38 所示。

图 4-2-36 　　　　　　　　　图 4-2-37 　　　　　　　　　图 4-2-38

（4）将合并后的形状复制一份向右平移，鼠标右击平移后的形状，使用右键快捷菜单"向后一层"，如图 4-2-39 所示。将两个形状再次复制一份，在属性栏中点击"垂直镜像"，再点击"水平镜像"，调整形状位置，如图 4-2-40 所示。

图 4-2-39 　　　　　　　　　　　　　　图 4-2-40

（5）在工具箱中选择交互式填充工具填充形状颜色为"C55 M14 Y0 K0"和"C45 M0 Y96 K0"，如图 4-2-41 所示。选中平移出来的形状，在工具栏中点击透明工具，在属性栏中选择"均匀透明度"，透明度值为 70，再选择另一个平移出来的形状，调整透明度，去掉轮廓色，如图 4-2-42 所示。

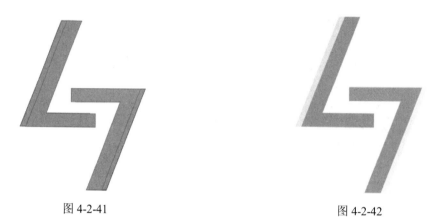

图 4-2-41   图 4-2-42

（6）在工具箱中选择多边形工具按住不放，在弹出的工具子菜单中选择基本形状，在属性栏中选择"完美形状"，选中水滴状的形状，绘制一滴水滴，如图 4-2-43 所示。使用交互式填充工具填充颜色为"C55 M14 Y0 K0"，轮廓色为空，如图 4-2-44 所示。

图 4-2-43   图 4-2-44

（7）在工具箱中选中手绘工具按住不放，在弹出的工具子菜单中选择钢笔工具绘制小草，使用形状工具调整小草形状，如图 4-2-45 所示。将调整好的形状复制几份，如图 4-2-46 所示。将小草调整到合适的位置，如图 4-2-47 所示。

图 4-2-45   图 4-2-46   图 4-2-47

（8）使用文本工具输入"绿禾"，在属性栏中设置字体为"汉仪综艺简体"，字号为140pt，如图 4-2-48 所示。使用交互式填充工具填充颜色为"C79 M37 Y100 K1"，轮廓色为空，如图 4-2-49 所示。

图 4-2-48   图 4-2-49

（9）选中文字，将文字转换为曲线，使用工具栏中的形状工具，框选"绿"字偏旁的点的节点，删除框选的点，如图 4-2-50 所示。使用椭圆工具绘制一个椭圆放在删掉的部分，使用交互式填充工具填充颜色为"C79 M37 Y100 K1"，轮廓色为空，如图 4-2-51 所示。

图 4-2-50   图 4-2-51

（10）在工具箱中选择多边形工具，在属性栏中设置边数为3，绘制一个三角形，再使用矩形工具绘制一个矩形，调整大小位置，如图 4-2-52 所示。使用交互式填充工具填充颜色为"C79 M37 Y100 K1"，轮廓色为空，如图 4-2-53 所示。

图 4-2-52   图 4-2-53

（11）在工具箱中选择椭圆形工具，绘制两个圆，如图 4-2-54 所示。按住 Shift 键选中两个圆，在属性栏中选择"修剪"，如图 4-2-55 所示。

图 4-2-54   图 4-2-55

（12）在工具箱中选择矩形工具绘制一个矩形，如图 4-2-56 所示。按住 Shift 键选中矩形和圆环，在属性栏中选择"修剪"，如图 4-2-57 所示。

图 4-2-56   图 4-2-57

（13）将之前绘制的水滴复制一个，调整到合适的位置，如图 4-2-58 所示。再使用工具箱中的矩形工具绘制一个矩形修剪圆环，如图 4-2-59 所示。

图 4-2-58   图 4-2-59

（14）调整形状位置，最终效果如图 4-2-60 所示。

图 4-2-60

第五章 名片设计

【导言】

名片作为现代人际交往的重要工具，是人们互相认识、自我介绍的最快最有效的方法。因此，名片在设计时要考虑到便携、不易损坏、信息精炼、简洁大方等特征。本章通过简约名片设计和复古名片设计，讲解如何利用 CorelDRAW 制作名片。

【学习目标】

- 掌握名片构成要素
- 熟悉名片常用尺寸
- 熟练使用调和工具
- 熟练使用多边形工具
- 熟练使用渐变填充

5.1 理论基础

5.1.1 名片常用尺寸

名片与其他平面作品不一样，没有一个固定或是绝对的尺寸大小。但考虑到名片往往是批量印刷且要便于携带，以适宜在各种场合交换和保存。如果名片的尺寸和外形是异形或是非常规，就有可能导致对方无法找到合适的名片盒进行收藏，或者在携带过程中被损毁，因此名片设计的尺寸通常遵循一些常见的准则。

目前，常见的名片尺寸有 90mm×54mm、90mm×50mm、90mm×108mm、90mm×100mm。其中，90mm×54mm 是国内最常用名片尺寸，90mm×50mm 是欧美常用的名片尺寸，90mm×108mm 是国内常见的折卡名片尺寸，90mm×100mm 是欧美常用的折卡名片尺寸。

折卡名片如图 5-1-1 所示，常规名片如图 5-1-2 所示。

5.1.2 名片设计要素

名片设计的要素包括造型要素、文字要素和空间要素。

造型要素包括：插图、标志、饰框和底纹。此处的插图包括一些装饰性的图案，使名片版面显得丰富、活泼。同时，名片往往是企业 VI 的重要组成部分，因此名片上一般会印有企业的 logo 或标识。还有一些装饰性的线条、底纹或是图框，以作为区隔版面、衬托主题和美化之用。

图 5-1-1 图 5-1-2

文字要素主要包括个人信息、联络信息、公司名称、主营项目、企业文化标语等。有的名片还会设置成正反两面，一面为英文信息，一面为中文信息。文字信息多由客户提供，设计师的主要工作是对文本段落进行设置并合理安排图文。在移动网络愈发普及的当下，不少名片还会加上公司或个人的二维码。

空间要素主要包括了色彩和版式，一般而言，名片的色彩会同企业 VI 的标准色相统一，通常背景不宜选择深色或明度和饱和度太高的颜色，容易降低名片的可读性，往往采用淡黄、米色、白色等作为背景，图案、图框和底纹则采用压纹、凸出或颜色上的跳跃搭配。名片的版式最为常见的是横版式、竖版式、稳定版式、图形版式和轴线型构图左右式和上下式，除此之外还有对角式。

横版构图：名片的内容和元素依水平方向依次展开，这是名片最常见的构图方式，如图 5-1-3 所示。

图 5-1-3

竖版构图：名片的所有内容依属性展开，由上到下依次阅读。相对于横版构图的名片，竖版构图更为小众。竖版构图很适合中式风格的设计，如图 5-1-4 所示。

稳定型构图：上部是标志和图案，下部是说明性文字。各个元素在平面上有明确的功能分区，如图 5-1-5 所示。

图 5-1-4

图 5-1-5

图形构图：文字、标志、主题集中构成一个圆形或长方形或三角形，名片上的各个元素更加集中，有助于受众一眼抓住重心，如图 5-1-6 所示。

图 5-1-6

轴线型构图：文字和图案依据中轴线对称或不对称的构图，如图 5-1-7 所示。

图 5-1-7

5.1.3　会员卡片

会员卡与 VIP 卡的尺寸大小与名片大小一致，但其上较少出现持有者的个人信息。且会员卡所使用的材质往往是塑料而非纸张，因此在设计时要考虑到有些色彩和元素无法在亚克力上表现出来。另外，会员卡往往附有磁条和凹版，以便商户识别持卡人信息。在设计时，要为必要的要素留下位置。

通常而言，会员卡的内框规格多为 85.5mm×54mm，外框规格多为 88.5mm×57mm，卡片圆角一般为 12 度。凸码分为小型和大型两种，小型通常是 12 号字体，大凸码一般是 18 号字体，凸码一般使用黑体字。凸码与卡的边距必须大于 5mm，磁条距卡内框边（上、下）为 4mm，磁条宽度为 12mm。

在设计会员卡的磁条卡时要注意凸码设计的位置不要压到背面的磁卡，否则将无法刷卡。如果是条形码磁卡，则根据条形码型号留出空位，也不要压到背面的条码，否则无法读取数据，条码也可使用黑体。为了减少印刷，尽量使用色彩模式为 C、M、Y、K，以便减小印刷时的色彩损失。

5.2　案例演练

5.2.1　项目 1——简约名片设计

一、案例分析

本案例将使用工具箱中的矩形工具▢(F6)、调和工具◐(F7)、形状工具⬩(F10)、文字工具字(F8)、交互式填充工具◈(G)，以及通过属性栏改变对象属性。最终效果图如图 5-2-1 所示。

二、方案策划

本节以某家高端广告传媒公司为例，该公司广告客户多来自一些大型企业。要求名片设计的风格简洁、大气，使用黄蓝配色，横版构图。名片正面上部左边是名片持有人的个人信息，右边是二维码，下部是公司信息。各个信息要素间采用线条分割，背面是公司标识，符合受众阅读视线。整个版面设计合理，显得稳重同时又不失活泼。

图 5-2-1

三、操作步骤

（1）启动 CorelDRAW X8 程序，单击"文件"→"新建"命令，创建一个新文档。新文档命名为"白色简约名片"，宽度为 92mm，高度为 112mm，渲染分辨率为 300dpi，如图 5-2-2 所示。

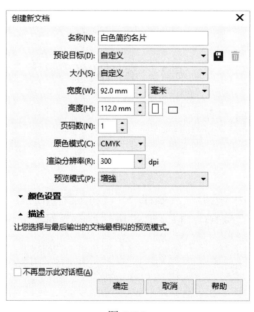

图 5-2-2

（2）在菜单栏中单击"窗口"→"泊坞窗"→"辅助线"命令，为新建的文档添加印刷出血线，参数设置如图 5-2-3 所示，效果如图 5-2-4 所示。

图 5-2-3

图 5-2-4

（3）在工具箱中单击矩形工具绘制一个宽为 92mm，高为 56mm 的矩形，再使用矩形工具绘制一个宽为 92mm，高为 4mm 的矩形，如图 5-2-5 所示。再将第二个矩形填充 40%的黑色，如图 5-2-6 所示。

图 5-2-5

图 5-2-6

（4）在工具箱中单击矩形工具绘制一个宽为 5mm，高为 60mm 的矩形，在属性栏中设置旋转角度为 315°，如图 5-2-7 所示。再将调整好的矩形复制一份到合适位置，如图 5-2-8 所示。

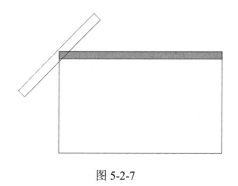

图 5-2-7

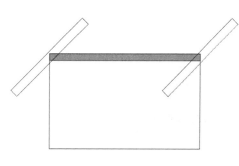

图 5-2-8

（5）在工具箱中单击调和工具，使用调和工具选中绘制的第一个矩形，按住鼠标左键不放拖动到第二个矩形的位置，释放鼠标左键，在属性栏中调整调和步数参数为 9，如图 5-2-9 所示。

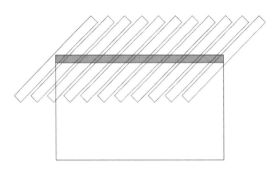

图 5-2-9

（6）使用鼠标右键单击调和后的矩形，在弹出的右键快捷菜单中选择"拆分调和群组"，将矩形从调和中分离出来，再次右击矩形，在弹出的快捷菜单中选择"取消组合对象"将矩形分成单个独立的对象，如图 5-2-10 所示。

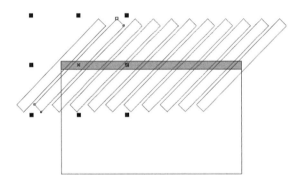

图 5-2-10

（7）使用工具箱中的选择工具，按住 Shift 键依次选择单数矩形，填充颜色为"C83 M23 Y58 K0"，轮廓色为空，如图 5-2-11 和图 5-2-12 所示。

图 5-2-11

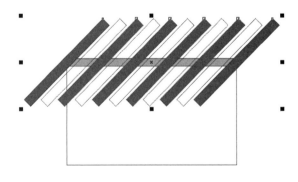

图 5-2-12

（8）使用工具箱中的选择工具，按住 Shift 键依次选择双数矩形，填充颜色为"C17 M20 Y100 K0"，轮廓色为空，如图 5-2-13 和图 5-2-14 所示。

图 5-2-13

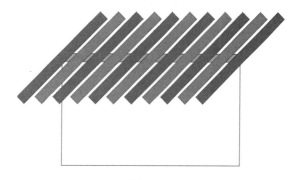

图 5-2-14

（9）使用工具箱中的选择工具选中填充颜色后的矩形，在菜单栏中单击"对象"→"PowerClip"→"置于图文框内部"命令，鼠标变为一个箭头，点击填充 40%黑色的矩形，将填充了颜色的矩形精确裁剪到矩形内，如图 5-2-15 所示。

图 5-2-15

（10）使用工具箱中的选择工具选中灰色矩形，在菜单栏中选择"对象"→"PowerClip"→"编辑 PowerClip"命令，框选填充颜色的形状，将轮廓色填充为空，如图 5-2-16 所示。在菜单栏中选择"对象"→"PowerClip"→"结束编辑"命令，将灰色矩形填充颜色和轮廓色填充为空，如图 5-2-17 所示。

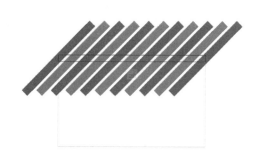

图 5-2-16

图 5-2-17

（11）使用工具箱中的文本工具输入文本内容，在属性栏调整文字字体、字号，使用形状工具调整文字间距，使用钢笔工具绘制分割线，如图 5-2-18 所示。

图 5-2-18

（12）选择菜单栏中的"文件"→"导入"（快捷键 Ctrl+I）命令，导入二维码，如图 5-2-19 所示。

图 5-2-19

（13）在工具箱中单击选择工具，选中名片正面，将名片正面的图复制一份，使用文本工具输入文本，如图 5-2-20 所示。

图 5-2-20

（14）使用鼠标左键按住工具箱中的多边形工具不放，在弹出的子工具箱中选择标注形状，绘制一个气泡形状，填充颜色为"C83 M23 Y58 K0"，使用文本工具输入一个"感叹号"，填充颜色为"白色"，如图 5-2-21 所示。

图 5-2-21

（15）调整形状位置和文字位置，最终效果如图 5-2-22 所示。

图 5-2-22

5.2.2 项目 2——红酒公司名片设计

一、案例分析

本案例将使用工具箱中的矩形工具□(F6)、椭圆形工具○(F7)、交互式填充工具◇(G)、文本工具字(F8)以及通过属性栏改变对象属性。最终效果图如图 5-2-23 所示。

图 5-2-23

二、方案策划

该公司是一家大型的酒类流通行业公司，拥有线上网络商城和线下直营门店，搭建了从企业到消费者之间的便捷中介平台。设计名片时，考虑到该公司的主营业务是酒类，因此在名片正反面都用了红酒相关元素作为装饰图案。由于消费者大多以中年人为主，背景色采用了棕色作为主色调，显得复古大气。

三、操作步骤

（1）启动 CorelDRAW X8 程序，单击"文件"→"新建"命令，创建一个新文档。新文档命名为"复古风格名片"，宽度为 92mm，高度为 112mm，渲染分辨率为 300dpi，如图 5-2-24 所示。

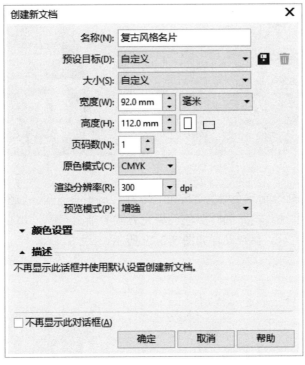

图 5-2-24

（2）在工具箱选择矩形工具，创建一个宽为 92mm，高为 56mm 的矩形，将绘制的矩形复制一份，在空白处单击鼠标右键，在展开的快捷菜单中选择"导入"（快捷键 Ctrl+I），导入文件名为"背景 1、酒桶、背景 2、酒瓶、酒庄、葡萄 1、葡萄 2"的图形（按住 Ctrl 键可以同时选择多个文件，可一次导入多个文件），将导入的图片素材调整到合适的位置，然后将素材精确裁剪到矩形框内（"对象"→PowerClip→"置于图文框内部"），如图 5-2-25 和图 5-2-26 所示。

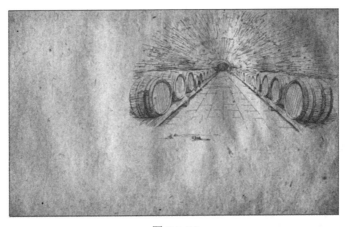

图 5-2-25

图 5-2-26

（3）使用椭圆工具绘制一个宽为 22mm，高为 12mm 的椭圆，如图 5-2-27 所示。在工具箱中选择交互式填充工具，填充椭圆颜色，填充方式为渐变填充，填充样式为椭圆形渐变填充，效果如图 5-2-28 所示。参数设置如图 5-2-29 所示。

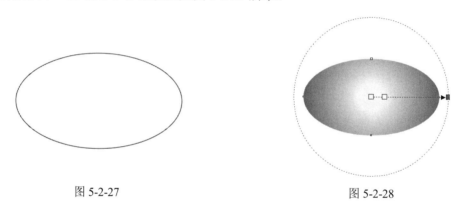

图 5-2-27　　　　　　　　　　　　　　　　　图 5-2-28

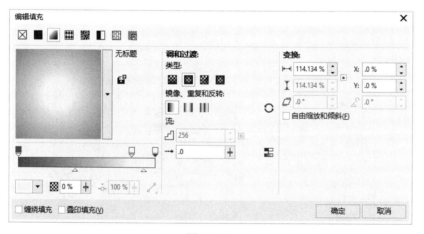

图 5-2-29

（4）将填充颜色后的椭圆形复制一份，调整大小为宽 20mm，高 10mm。填充颜色为黑色，轮廓色为空，如图 5-2-30 所示。

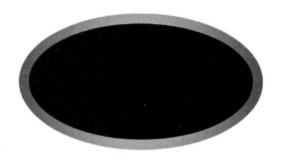

图 5-2-30

（5）在工具箱中按住鼠标左键不放选择多边形工具，在弹出的子工具箱中选择"星形"，在属性栏中设置"点数或边数"为 5，然后使用鼠标拖动绘制一个五角星，如图 5-2-31 所示。在工具箱中选择交互式填充工具填充五角星颜色，填充方式为渐变填充，填充样式为椭圆形渐变填充，如图 5-2-32 所示，参数设置如图 5-2-33 所示。

图 5-2-31

图 5-2-32

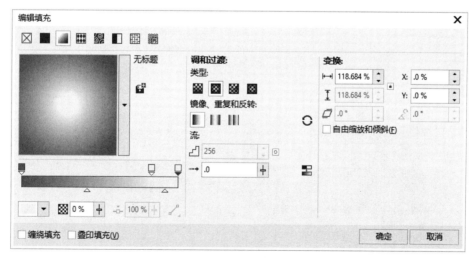

图 5-2-33

（6）将绘制的五角星复制一份调整到合适位置，在工具箱中使用调和工具，调和对象步数为 1 步，如图 5-2-34 所示。

图 5-2-34

（7）在工具箱中选中文本工具，输入"logo"，选中文字，在属性栏中调整文字大小，使用鼠标右键单击文字，在弹出的快捷菜单中选择"转换为曲线"，使用交互式填充工具，填充方式为渐变填充，填充样式为椭圆形渐变填充，如图 5-2-35 所示。

图 5-2-35

（8）使用工具箱中的矩形工具绘制一个宽 92mm，高为 0.5mm 的矩形，使用工具箱中的交互式填充工具，填充方式为渐变填充，填充样式为线性渐变填充，将填充颜色后的矩形复制一份，效果如图 5-2-36 所示，参数设置如图 5-2-37 所示。

图 5-2-36

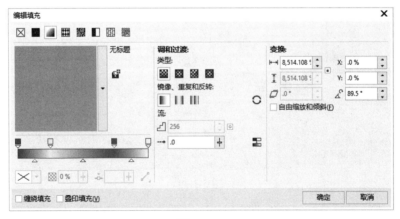

图 5-2-37

（9）再使用工具箱中的矩形工具绘制一个宽为 92mm，高为 5mm 的矩形，填充颜色为黑色，将上一步骤的矩形调整到合适位置，如图 5-2-38 所示。

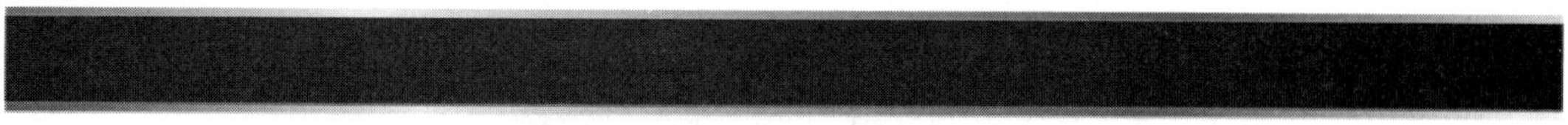

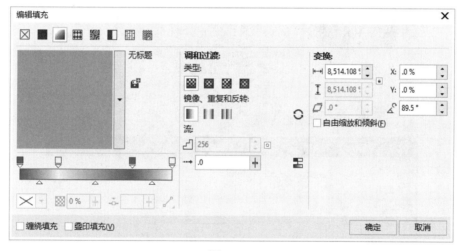

图 5-2-38

（10）在工具箱中选择文本工具，输入文本内容，在属性栏中调整字体、字号，使用交互式填充工具填充渐变颜色，填充方式为渐变填充，填充样式为椭圆形渐变填充，如图 5-2-39 所示，参数设置如图 5-2-40 所示。

图 5-2-39

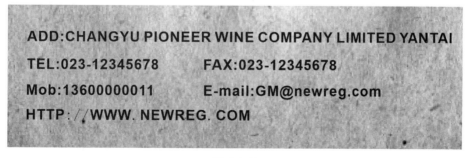

图 5-2-40

（11）在工具箱中选择文本工具，在属性栏调整文字字体、字号，填充字体颜色为黑色，如图 5-2-41 所示。

图 5-2-41

（12）在工具箱中选择文本工具，在属性栏调整文字字体、字号，填充字体颜色为黑色，如图 5-2-42 所示。

图 5-2-42

（13）案例最终效果如图 5-2-43 所示。

图 5-2-43

第六章　卡片设计

【导言】

邀请函和请柬是邀请亲朋好友或知名人士、专家等参加某项活动时所发的请约性书信。邀请函的主体内容要符合邀请函的一般结构，由标题、称谓、正文、落款组成。但要注意，简洁明了，看懂就行，不要太多文字。本章以活动邀请函和新春贺卡为例，讲解如何设计制作各种请柬、卡片和贺卡。

【学习目标】

- 掌握请柬常见尺寸
- 熟悉贺卡常用尺寸
- 熟练使用透明度工具
- 熟悉贝塞尔曲线工具
- 熟练使用 PowerClip 功能
- 熟悉辅助线的用法

6.1　理论基础

6.1.1　请柬设计常识

请柬是为邀请宾客（个人或集体）参加某项活动而发出的书面信函。各种会议（展览会、交流会等）、典礼、文艺活动、庆祝活动（校庆、婚庆等）都可以用请柬。用请柬来邀请可以使元旦晚会办得更隆重，也表示了对客人的尊重。在中小型广告公司中，平面设计人员常见的工作任务就是制作邀请函，为了吸引更多的人参与活动，往往要求请柬设计要精美，能够体现活动的档次和重要性。

请柬所包含的文字内容有：标题、称呼、正文、结尾（敬语）、落款和时间。正文当中要包含活动开始的时间、地点、交通工具指引等内容，如图 6-1-1 所示。

在传统的邀请函中主要分三种形式，正方型、长方型、长条型。这些产品的外形和尺寸都有一定的比例和大小。正方型的尺寸范围在 130mm×130mm～150mm×150mm。在国外，通常在卡内增加副卡（如：路线卡、回复卡、项目卡，等等），一般可以做到 100mm×100mm 左右。长方型的尺寸范围在 170mm×115mm～190mm×128mm，大小要随比例改变，要符合黄金分割，如有副卡不宜太大。长条型的尺寸范围在 210mm×110mm～250mm×110mm，大小要随比例改变。打开方式只适合横向和单边打开。

尊敬的×××先生/女士/小姐：

　　第5届梅花机械表产品展销会暨20××年（上海）国际钟表节开幕仪式定于20××年××月××日（星期×）上午9：30在上海光大会展中心东馆（上海市漕宝路78号）举行。诚邀您届时莅临指导。

　　　　　　　第5届梅花机械表产品展销会组委会

　　　　　　　　　　20××年××月

（敬请持本柬的贵宾于上午9：00准时到会展中心贵宾休息室签到）

图 6-1-1

6.1.2　贺卡设计常识

贺卡是人们在喜庆的节日或事件中人们相互问候的一种卡牌，通常包括生日卡、圣诞卡、新年贺卡等，一般上面有些祝福的话语。贺卡的尺寸主要以 146mm×213mm（四边各含 1.5mm 出血位）为主，所采用配色大多是饱和度、明度较高的色彩。

6.2　案例演练

6.2.1　项目 1——活动邀请函

一、案例分析

本案例将使用工具箱中的矩形工具□(F6)、椭圆形工具○(F7)、手绘工具 (F5)、形状工具(F10)、文字工具字(F8)、透明度工具，运用 PowerClip 插入图片，并通过属性栏改变对象属性。最终效果图如图 6-2-1 和图 6-2-2 所示。

二、方案策划

本章邀请函是一次洗衣行业的论坛活动，封面采用蓝白两色为主色调，内页运用圆点作为装饰纹案，显得清新、简洁。文字采用黑红配色，重要信息用红色标明，主次清晰。

三、操作步骤

（1）启动 CorelDRAW X8 程序，单击"文件"→"新建"命令，创建一个新文档。新文档命名为"邀请函"，宽度为 210mm，高度为 200mm，渲染分辨率为 300dpi，如图 6-2-3 所示。

图 6-2-1

图 6-2-2

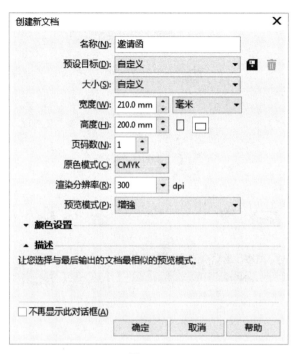

图 6-2-3

（2）设置辅助线和出血线。在菜单栏视图中勾选标尺和辅助线，双击随意拖出的辅助线，设置水平辅助线为 100mm，上下左右各留 6mm 的出血线，如图 6-2-4 所示。

小常识：设置出血线的目的是保证邀请函里的内容在印刷厂裁切时不被破坏。

图 6-2-4

（3）利用文本工具输入 Lucky，属性设置为斜体，填充颜色为#c81523，选中文字按 Ctrl+K 组合键打散文字，选中字母 k，将其颜色设置为#FEFEFE，如图 6-2-5 所示。用矩形工具按住 Ctrl 键画一个正方形，将其填充为#c81523，去除边框向右旋转 15°放置在文字 k 的中间，右键将其顺序设置为"到页面背面"，如图 6-2-6 所示。选中文字和矩形框按住 Ctrl+G 组合键组合，如图 6-2-7 所示。

图 6-2-5

图 6-2-6

图 6-2-7

（4）利用"贝塞尔"曲线绘制"幸运商城"logo 的图标，填充颜色为#332C2B，去除边框，如图 6-2-8 所示。选择文本工具输入"幸运商城"，颜色为#332C2B，选择菜单栏中"效果"→"透视"命令，对文字进行透视处理，如图 6-2-9 所示。选中文字和图标按住 Ctrl+G 组合键组合，如图 6-2-10 所示。

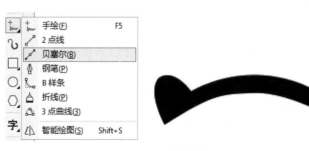

图 6-2-8

图 6-2-9   图 6-2-10

（5）利用椭圆形工具绘制 1 个椭圆，选中椭圆，右键转换为曲线，选择形状工具对其修改，如图 6-2-11 所示。再次选择椭圆形工具按住 Ctrl 键绘制 1 个正圆并复制，将第一个正圆颜色设置为#FEFEFE，去除轮廓，选择第二个正圆，对其进行同中心缩放，颜色设置为#332C2B，去除轮廓，设置两个正圆的图层顺序和对齐方式为水平垂直居中对齐，并将较小的正圆往右边水平偏移一些，如图 6-2-12 所示。把眼睛部分组合，选择椭圆按住 Shift 键拖移到合适位置再点击右键，复制 1 个椭圆，选择水平镜像，如图 6-2-13 所示。复制步骤（4）logo 图标，输入文字，组合"众洁洗衣"logo，如图 6-2-14 所示。

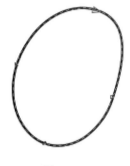

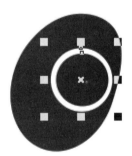

图 6-2-11   图 6-2-12

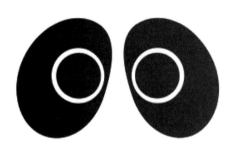

图 6-2-13   图 6-2-14

（6）利用矩形工具绘制一个矩形，将其填充为#00A2E9，去除轮廓线，利用文本工具输入文本，右键选择"顺序"命令，选择"到图层前面"，如图 6-2-15 所示。

"巅覆传统洗涤行业　开启全新商业模式"

图 6-2-15

（7）利用文本工具输入以下内容，设置好字体、字号、颜色等属性，选中文字利用形状工具改变字间距和行间距，如图 6-2-16 所示。

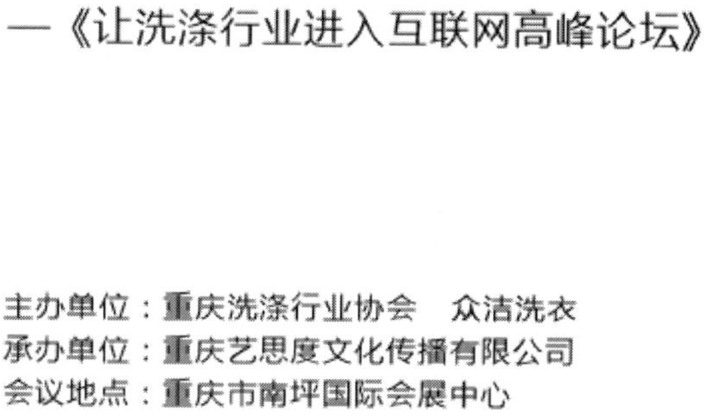

— 《让洗涤行业进入互联网高峰论坛》

主办单位：重庆洗涤行业协会　众洁洗衣
承办单位：重庆艺思度文化传播有限公司
会议地点：重庆市南坪国际会展中心

图 6-2-16

（8）利用矩形工具画出邀请函以及单词模型，右键转为曲线后，再使用形状工具进行变形。这里要记住不管是矩形工具还是椭圆工具绘制的基本图形都要先转为曲线后才可以任意变形，如图 6-2-17 所示。

图 6-2-17

（9）利用矩形工具画正方形，调整属性使其为圆角正方形，填充颜色为#C9CACA，去除边框。使用文本工具、椭圆工具、贝塞尔工具并设置相关属性，最后输入文字，如图 6-2-18 所示。

提供停车　　　　提供网络　　　　商务交流　　　　优质服务

图 6-2-18

（10）复制幸运商城、众洁洗衣 logo，放入素材二维码；利用文本工具输入以下文字和使用形状工具调整其字间距、行间距。最后选择封底所有内容按 Ctrl+G 组合键组合并水平镜像、垂直镜像，如图 6-2-19 所示。

图 6-2-19

（11）利用贝塞尔曲线和两点线工具绘制图形，如图 6-2-20 所示。

图 6-2-20

（12）利用椭圆工具绘制正圆并填充颜色，选择其中一个圆使用透明度工具对其进行透明度调整，使用此方法多画出几个，然后再进行组合叠加。双击矩形工具，自动生成同页面大小的矩形框，将其边框和填充都设置为无。选择组合完成的图形，右键选择"PowerClip 内部"，将其放入矩形框中，调整位置，如图 6-2-21 所示。

图 6-2-21

（13）利用文本工具输入文字，使用形状工具调整其字间距、行间距，如图 6-2-22 所示。

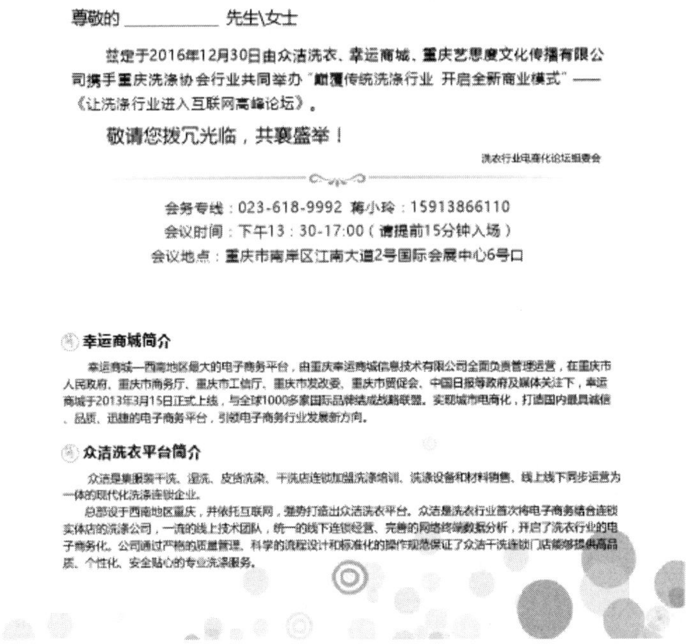

尊敬的 _____ 先生\女士

　　兹定于2016年12月30日由众洁洗衣、幸运商城、重庆艺想度文化传播有限公司携手重庆洗涤协会行业共同举办"颠覆传统洗涤行业 开启全新商业模式"——《让洗涤行业进入互联网高峰论坛》。

敬请您拨冗光临，共襄盛举！

洗衣行业电商化论坛组委会

会务专线：023-618-9992 梅小玲：15913866110
会议时间：下午13：30-17:00（请提前15分钟入场）
会议地点：重庆市南岸区江南大道2号国际会展中心6号口

☺ 幸运商城简介
　　幸运商城—西南地区最大的电子商务平台，由重庆幸运商城信息技术有限公司全面负责管理运营，在重庆市人民政府、重庆市商务厅、重庆市工信厅、重庆市发改委、重庆贸促会、中国日报等政府及媒体关注下，幸运商城于2013年3月15日正式上线，与全球1000多家国际品牌结成战略联盟。实现城市电商化，打造国内最具诚信、品质、迅捷的电子商务平台，引领电子商务行业发展新方向。

☺ 众洁洗衣平台简介
　　众洁是集服装干洗、湿洗、皮货洗染、干洗店连锁加盟洗涤培训、洗涤设备和材料销售、线上线下同步运营为一体的现代化洗涤连锁企业。
　　总部设在西南地区重庆，并依托互联网，强势打造出众洁洗衣平台。众洁是洗衣行业首次将电子商务结合连锁实体店的洗涤公司，一流的线上技术团队，统一的线下连锁经营、完善的网络终端数据分析，开启了洗衣行业的电子商务。公司通过严格的质量管理、科学的流程设计和标准化的操作规范保证了众洁干洗连锁门店能够提供高品质、个性化、安全贴心的专业洗涤服务。

图 6-2-22

6.2.2　项目 2——新春贺卡

一、案例分析

本案例将使用工具箱中的矩形工具□(F6)、椭圆形工具○(F7)、手绘工具✎ (F5)、形状工具✐(F10)、文字工具**字**(F8)、交互式填充工具(G)🖴，以及通过属性栏改变对象属性。最终效果图如图 6-2-23 所示。

图 6-2-23

二、方案策划

这张贺卡封面为红色和金色，采用了中国传统的祥云纹样呼应主题，内页用白色作为背景，"贺新年"用气泡底纹装饰，并绘制一个印章文字丰富版面。

三、操作步骤

（1）启动 CorelDRAW X8 程序，单击"文件"→"新建"命令，创建一个新文档。新文档命名为"新春贺卡"，宽度为 210mm，高度为 200mm，渲染分辨率为 300dpi，如图 6-2-24 所示。

图 6-2-24

（2）利用矩形工具绘制宽 210mm，高 100mm 的矩形，填充颜色为#D02127，如图 6-2-25 所示。

图 6-2-25

（3）利用矩形工具绘制矩形，使用交互式填充工具的渐变填充，制作 3 色渐变

C0M20Y60K20-C4M0Y49K0-C0M20Y60K20。将渐变好的矩形变窄后复制 1 份。选择花纹素材，右键选择 "PowerClip 内部"，将花纹和小矩形条调整好位置放入大矩形框中，如图 6-2-26 所示。

图 6-2-26

（4）利用贝塞尔曲线工具绘制图形，设置轮廓为 C0M20Y60K20，去除填充；复制一份图形，等比例缩小，设置填充为 C0M0Y0K0，去除轮廓。将素材放入其中。最后输入文字，对其描边，如图 6-2-27 所示。

图 6-2-27

（5）利用文本工具和椭圆形工具，把输入的文字和正圆进行组合，如图 6-2-28 所示。

图 6-2-28

（6）利用矩形工具绘制宽 210mm，高 100mm 的矩形，使用交互式填充工具里的渐变填充，制作 3 色渐变 C15M100Y100K20-C4M0Y49K0-C0M100Y100K20，如图 6-2-29 所示。

图 6-2-29

（7）复制图形，输入文字，进行组合，如图 6-2-30 所示。

图 6-2-30

（8）利用文本工具输入以下字母，使用交互式填充工具的渐变填充，制作 3 色渐变 C0M20Y60K20-C4M0Y49K0-C0M20Y60K20，如图 6-2-31 所示。

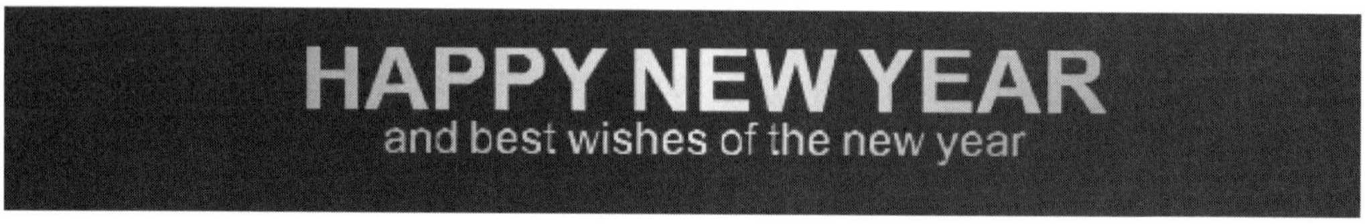

HAPPY NEW YEAR
and best wishes of the new year

图 6-2-31

（9）选择封底所有内容按 Ctrl+G 组合键组合并水平镜像、垂直镜像，如图 6-2-32 所示。

图 6-2-32

（10）利用矩形工具绘制宽 210mm，高 100mm 的矩形，使用交互式填充工具的渐变填充，制作 2 色渐变 C0M0Y0K0-C4M4Y4K0，如图 6-2-33 所示。

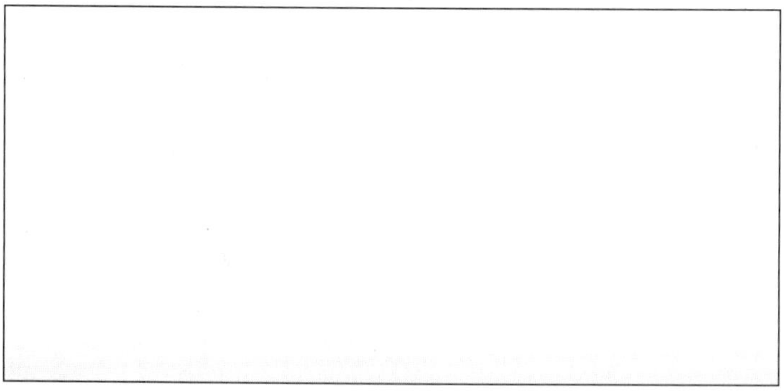

图 6-2-33

（11）利用贝塞尔曲线工具绘制祥云图形，水平复制多个并组合，将素材图片用 PowerClip 置入祥云图形中，如图 6-2-34 所示。

图 6-2-34

（12）利用文本工具输入文字，按 Ctrl+K 组合键进行打散，选择单个文字进行大小、位置调整。然后按 Ctrl+G 组合键组合文字并转换为位图，选择"编辑位图"命令，打开 Corel PHOTO-PAINT X8 程序，在 Corel PHOTO-PAINT X8 程序里选择菜单"效果"→"底纹"→"气泡"命令，完成编辑，关闭 Corel PHOTO-PAINT X8 程序。回到 CorelDRAW X8 程序，将位图模式的文字进行快速临摹，得到带有位图效果的矢量文字，如图 6-2-35 所示。

（13）利用贝塞尔曲线工具绘制印章，输入文字，打散文字并改变其大小、位置，如图 6-2-36 所示。

图 6-2-35

图 6-2-36

（14）利用文本工具输入单词，选中文字将其方向设置为竖排，设置单词的字体、字号、颜色等属性。对页面内容进行调整，得到效果图，如图 6-2-37 所示。

图 6-2-37

（15）利用文字工具输入以下内容，并对其进行排版设计，留出左边摆放花瓶和底部摆放祥云花纹的空间，如图 6-2-38 所示。

尊敬的　　　（先生/女士）：

　　仰首是春、俯首成秋，我們即將迎來2017年新春佳節。久久聯合、歲歲相長我們願意與您一起分享對新年的喜悅與期盼。在新的一年裏祝您新年快樂！萬事如意！在新的一年裏身體健康！事業有成！芝麻開花節節高！

重慶藝思度文化傳播有限公司

图 6-2-38

（16）复制祥云花纹，对其垂直镜像放在文字底部。改变花瓶素材的大小、位置等属性，将其放在文字左侧。调整页面所有内容，得到效果图，如图 6-2-39 所示。

尊敬的　　　（先生/女士）：

　　仰首是春、俯首成秋，我們即將迎來2017年新春佳節。久久聯合、歲歲相長我們願意與您一起分享對新年的喜悅與期盼。在新的一年裏祝您新年快樂！萬事如意！在新的一年裏身體健康！事業有成！芝麻開花節節高！

重慶藝思度文化傳播有限公司

图 6-2-39

第七章　海报设计

【导言】

海报在信息传播中具有较强的远视效果和冲击力效果，几乎所有的活动、商品宣传都会用到海报，是平面设计中最常见、最基础的一种宣传品。本章以相机宣传海报和溜冰场开业海报为例，讲解在 CorelDRAW 中如何制作设计海报。

【学习目标】

- 熟悉海报设计的方法
- 了解海报设计的构成
- 掌握位图与矢量图的相互转换
- 掌握为位图添加特殊效果
- 掌握调整、校正位图的模式、颜色的方法
- 掌握透镜工具

7.1　理论基础

7.1.1　海报常识

海报（poster）也称"招贴""宣传画"，是一种张贴在公共场合，传递信息，以达到宣传目的的印刷广告形式。其特点是：信息传递快、传播途径广、时效长、可连续张贴、大量复制。

通常，海报按内容被分为商业海报、公益海报和文化艺术海报。商业海报包括商品的宣传、促销，以及展览会、交易会、旅游、邮电、交通、保险等。公益海报包括政治宣传（方针政策、计划生育、行动纲领、法律等）、社会公益（环境保护、社会公德、福利事业、交通安全、禁烟、禁毒等）、社会活动（儿童节、母亲节、教师节、国庆节等）。文化艺术海报包括科技、教育、艺术、体育、新闻出版等主题的海报。

7.1.2　海报的构成

海报的构成同其他平面设计作品一样，主要由文字、图片、色彩构成。

1. 文字

印刷体是字体设计的基础，而字体设计则是印刷体的发展，它们构成了字体设计的主要内容。海报的文字包括了主题内容，比如标题、正文、注解等离不开文字，通过文字获得主要信息。设计者需掌握中外字体的一般常识，不同的字体给人的心理感受不一样，美的字体能使人感到愉悦，帮助阅读和理解，如图 7-1-1 至图 7-1-6 所示。

图 7-1-1

图 7-1-2

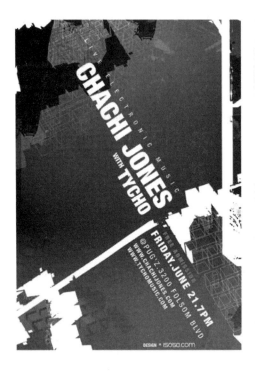

图 7-1-3

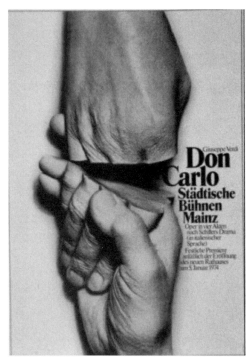

图 7-1-4

图 7-1-5

图 7-1-6

2. 图形

图形的视觉语言是通过形象、色彩和它们之间的组合关系来表达特定的含义的。在广告插图中，设计师正是运用这些视觉要素来传达信息和意念的。海报是远视广告，但它具有近看的可能性。为了保证既能远观，又能近看，在制作上要精美、细致，图形作为海报设计的主打语言，要充分体现它的魅力。

在现代海报中常用的集中图形设计手法包括异质同构、置换、破形、重复、夸张变形。异质同构是利用事物与事物之间某种属性关系的相似性来传递某种理念或商品信息，如图7-1-7和图7-1-8所示。

图 7-1-7

图 7-1-8

置换指的是将一个物体的局部与另一个物体的局部进行"偷梁换柱"移植，揭示主题内涵，如图7-1-9所示。

图 7-1-9

破形是打破物品原有的形状，使人们对熟悉的图形产生新的强烈的视觉感受，如图7-1-10所示。

图 7-1-10

　　重复指的是在海报设计中，反复运用同一元素，表现出无限、永恒、循环的特征，对海报的主体进行强烈的暗示，如图7-1-11和图7-1-12所示。

图 7-1-11

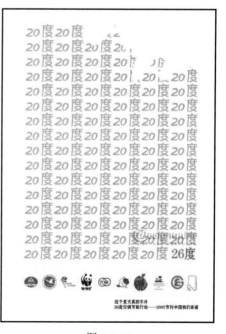

图 7-1-12

3. 色彩

色彩较之图文对人的心理影响更为直接，具有更感性的识别性能。现代商业设计对色彩的应用更是上升至"色彩行销"的策略，成为产品促销、品牌塑造的重要手段，如图 7-1-13 和图 7-1-14 所示。

图 7-1-13

图 7-1-14

7.2 案例演练

7.2.1 项目 1——相机宣传海报

一、案例说明

本案例通过位图与矢量图的转换，调整位图效果，添加模糊和虚光修改图片，制作特殊效果，运用封套工具、轮廓图工具和渐变填充设置文字特效，最终效果如图 7-2-1 所示。

二、方案策划

这张海报采用海滩为背景，以蓝白色为主色调，以相机拍摄的照片为装饰，详细介绍了相机性能。海报以海洋和蓝白为主，版式显得清新大方。

图 7-2-1

三、操作步骤

（1）新建一个 A4 大小的文件，命名为"相机海报"。

（2）按 Ctrl+I 组合键导入素材文件 1，在"导入"对话框中单击 导入 的下拉菜单，选择"裁剪并装入"，将位图裁剪为页面大小，如图 7-2-2 和图 7-2-3 所示。

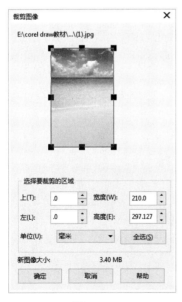

图 7-2-2

图 7-2-3

（3）绘制 1 个宽度为 1.5mm 的白色轮廓矩形，并复制 4 个，导入素材 5-8 和 11，通过 PowerClip 放置于白色矩形中，导入素材"镜头图标"和"气球"，旋转并调整叠放顺序，如图 7-2-4 和图 7-2-5 所示。

图 7-2-4

图 7-2-5

（4）绘制一个圆形和一个矩形，取消轮廓，圆形填充为"C75M13Y6K0"，矩形填充为"C42M0Y4K0"。插入"三脚架"图片，运用阴影工具为三脚架添加一个阴影，如图 7-2-6 所示。

图 7-2-6

（5）绘制 5 个轮廓宽度为 1.5mm 的白色轮廓矩形，导入素材 2-4 和 9-10，将其裁剪并调整位置和大小，如图 7-2-7 所示。

图 7-2-7

（6）选择背景位图，选择"效果"→"颜色"→"调合曲线"命令。打开"调合曲线"对话框，如图 7-2-8 所示。在对话框中直接向上拖动方框中的曲线，或是在下方的 X 值和 Y 值中输入参数，单击"预览"按钮查看调整后的效果，调整满意后单击"确定"按钮，如图 7-2-9 所示。

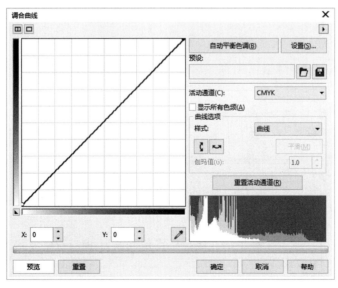

图 7-2-8

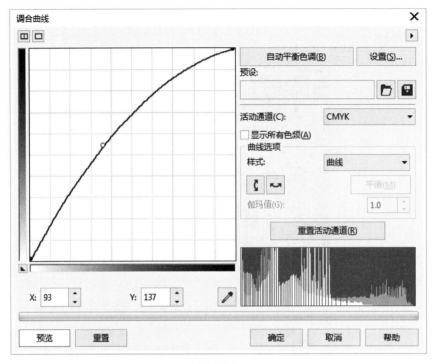

图 7-2-9

（7）选中图片"9"，选择"效果"→"调整"→"通道混合器"，打开"通道混合器"对话框，设置"输出通道"为"红"，再将"红"通道值设置为 100，如图 7-2-10 所示。

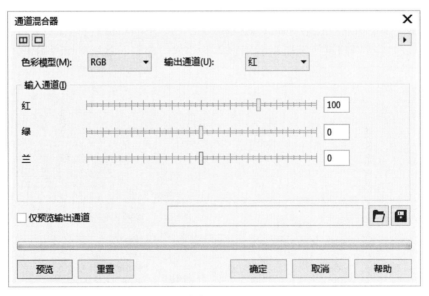

图 7-2-10

（8）用星形工具绘制一个星星，在属性栏将角数设为 40，锐度设置为 80，填充为白色，取消轮廓，如图 7-2-11 所示。

图 7-2-11

（9）选中绘制的星星，选择"位图"→"转换为位图"菜单项，对话框中的设置如图 7-2-12 所示。

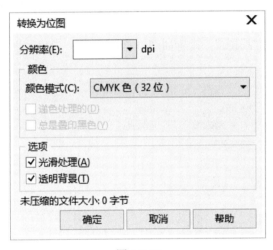

图 7-2-12

（10）选中转换为位图的星星，选择"位图"→"模糊"→"高斯式模糊"菜单项，打开"高斯式模糊"对话框，设置如图 7-2-13 所示，效果如图 7-2-14 所示。

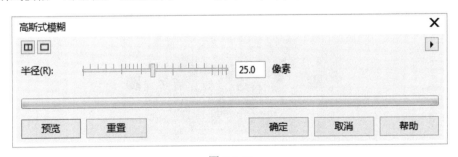

图 7-2-13

图 7-2-14

（11）在原处复制一个模糊的星星，增强光线强度，将两个光线位图置于背景图片的上层。

（12）选择小狗位图，选择"位图"→"创造性"→"虚光"命令，打开"虚光"对话框，将颜色设置为"C2M0Y4K0"，设置如图 7-2-15 所示，效果如图 7-2-16 所示。

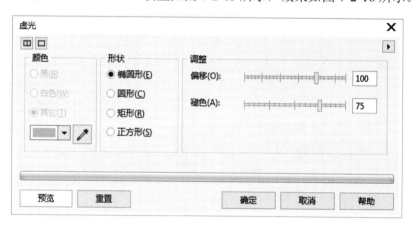

图 7-2-15

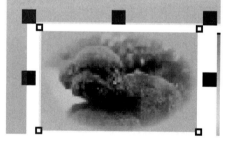

图 7-2-16

（13）使用文本工具绘制"停住你的美"和"CAON SHOT"，在属性栏中设置字体、字号和文本颜色与轮廓色，制作渐变效果，在文字四周绘制三角形，并与"停住你的美"填充同样的颜色和渐变效果，效果如图 7-2-17 所示。

图 7-2-17

（14）选择轮廓图工具，在属性栏中单击"外部轮廓图"按钮，将轮廓步长设置为 1，轮廓图偏移设置为 1.38mm，轮廓图与轮廓填充为白色，如图 7-2-18 所示。

图 7-2-18

（15）选择封套工具，调整文字的外形，如图 7-2-19 所示。

图 7-2-19

（16）在页面下方输入照相机性能介绍的文本，设置文本属性，如图 7-2-20 所示。

图 7-2-20

（17）在页面下方的蓝色矩形条上输入热线、网址等信息，设置属性，如图 7-2-21 所示。

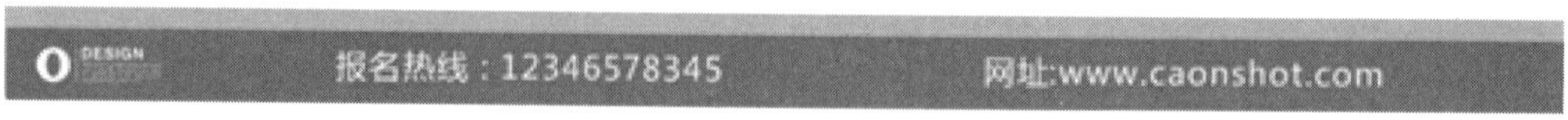

图 7-2-21

（18）最终效果如图 7-2-22 所示。

图 7-2-22

7.2.2 项目 2——溜冰场开业海报

一、案例说明

本案例主要使用 PowerClip 工具、透镜工具、椭圆工具、矩形工具和贝塞尔曲线，制作特殊的光影效果和图片，效果图如图 7-2-23 所示。

二、方案策划

本案例采用冰山和溜冰鞋图案作为背景，以雪花为装饰图案，采用粉紫配色，大量运用透镜来展示冰雪的光影效果，契合溜冰场开业的主题，显得精致优雅。

三、操作步骤

（1）新建一个文档，命名为"开业海报"，如图 7-2-24 所示。

图 7-2-23

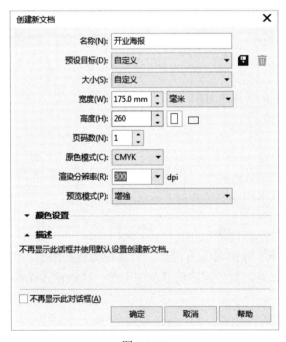

图 7-2-24

（2）绘制一个与页面大小一样的矩形，导入素材，用 PowerClip 调整位置和大小，如图 7-2-25 和图 7-2-26 所示。

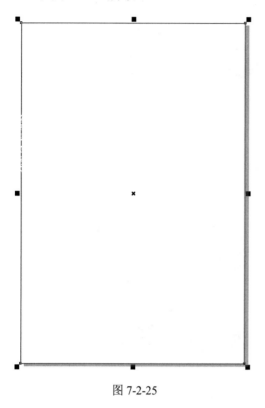

图 7-2-25

图 7-2-26

（3）使用贝塞尔曲线绘制图形，如图 7-2-27 所示，应用渐变填充如图 7-2-28 至图 7-2-30 所示。

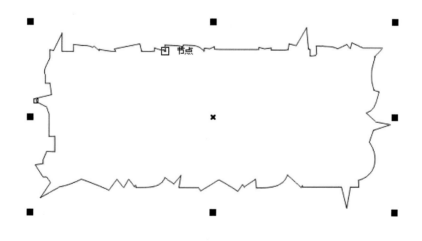

图 7-2-27

图 7-2-28

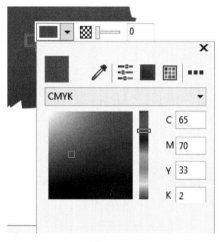

图 7-2-29

图 7-2-30

（4）在原位复制一个绘制的图形，填充为白色，使用立体化工具，在属性栏中将"深度"设置为 16，将"立体化"设置为递减，如图 7-2-31 至图 7-2-33 所示。

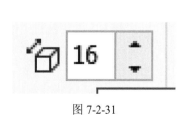

图 7-2-31

图 7-2-32

图 7-2-33

（5）在图形上输入文字，设置中文字体为"方正黑体"，英文字体为"Arial"，如图 7-2-34 所示。

图 7-2-34

（6）在原位复制文字并转换为曲线，填充颜色为"C10M0Y0K5"，如图 7-2-35 所示。导入素材 7，置入文字图片内容，如图 7-2-36 所示。

图 7-2-35

图 7-2-36

（7）用贝赛尔曲线绘制一个形状，如图 7-2-37 所示。使用透镜效果，如图 7-2-38 和图 7-2-39 所示。

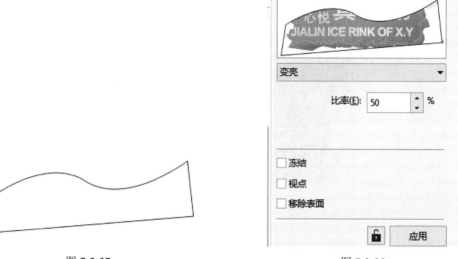

图 7-2-37 图 7-2-38

图 7-2-39

（8）绘制 4 个圆形，应用渐变填充，如图 7-2-40 至图 7-2-43 所示。

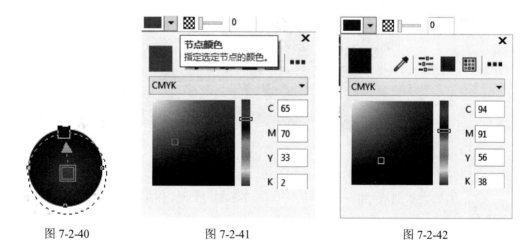

图 7-2-40 图 7-2-41 图 7-2-42

图 7-2-43

（9）输入文字"全"，填充颜色为"C5M0Y5K0"，复制文字并"垂直镜像"翻转，调整字体、大小和颜色，如图 7-2-44 所示。再将其转换为曲线，用 PowerClip 置入圆形内部，效果如图 7-2-45 所示。输入开业时间文字并应用渐变填充，如图 7-2-46 所示。

图 7-2-44

图 7-2-45

2014.9.29 全城瞩目

图 7-2-46

（10）输入广告标语，填充颜色为"C87M86Y51K29"，如图 7-2-47 所示。

2014.9.29 全城瞩目

开业当天精彩冰上表演 礼献宾客，值得期待!

图 7-2-47

（11）输入商城介绍文字"嘉林心悦真冰俱乐部位于武商黄石购物中心六楼，是嘉林心悦集团自营的真冰场。冰面面积 900 平方米，冰场一年四季对外开放，冬奥会竞赛标准的设备设施，动感亮丽的整体风格，最人性化、最贴心的顾客服务，为专业滑冰选手及滑冰爱好者提供最佳的滑冰环境，带来安全、舒适、开心的冰上体验。"设置字体为"微软雅黑"，大小为"9pt"，如图 7-2-48 所示。

2014.9.29 全 城 瞩 目

开业当天精彩冰上表演 礼献宾客，值得期待!

嘉林心悦真冰俱乐部位于武商黄石购物中心六楼，是嘉林心悦集团自营的真冰场。冰面面积900平方米，冰场一年四季对外开放，冬奥会竞赛标准的设备设施，动感亮丽的整体风格，最人性化、最贴心的顾客服务，为专业滑冰选手及滑冰爱好者提供最佳的滑冰环境，带来安全、舒适、开心的冰上体验。

图 7-2-48

（12）绘制圆形，渐变填充，如图 7-2-49 至图 7-2-51 所示。在圆形下方绘制一个椭圆，应用透镜，如图 7-2-52 和图 7-2-53 所示。输入文字"花样滑冰"，字体设置为"微软雅黑"，大小为 11pt，如图 7-2-54 所示。按同样的方法做出剩下的内容，如图 7-2-55 所示。

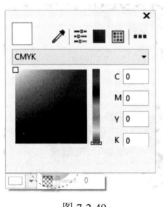

图 7-2-49

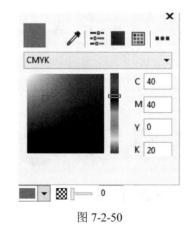

图 7-2-50

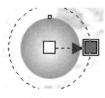

图 7-2-51

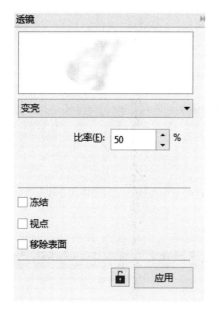

透镜
变亮
比率(E): 50 %
冻结
视点
移除表面
应用

图 7-2-52

图 7-2-53

花样滑冰

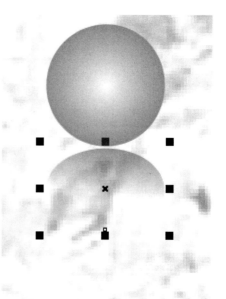

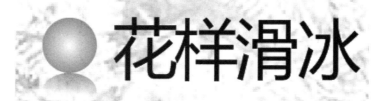

图 7-2-54

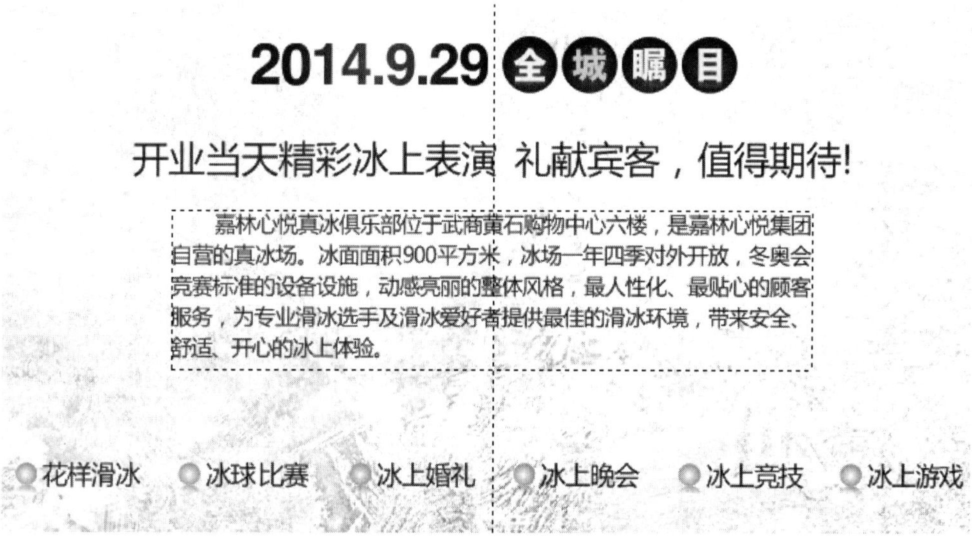

2014.9.29 全城瞩目
开业当天精彩冰上表演 礼献宾客，值得期待!
嘉林心悦真冰俱乐部位于武商黄石购物中心六楼，是嘉林心悦集团自营的真冰场。冰面面积900平方米，冰场一年四季对外开放，冬奥会竞赛标准的设备设施，动感亮丽的整体风格，最人性化、最贴心的顾客服务，为专业滑冰选手及滑冰爱好者提供最佳的滑冰环境，带来安全、舒适、开心的冰上体验。
花样滑冰
冰球比赛
冰上婚礼
冰上晚会
冰上竞技
冰上游戏

图 7-2-55

（13）绘制一个矩形，填充颜色为"C91M89Y54K34"，取消轮廓色，如图 7-2-56 所示。

图 7-2-56

（14）在矩形上输入地址、电话、联系方式等信息，并用贝赛尔曲线绘制图标，填充颜色，如图 7-2-57 所示。

图 7-2-57

（15）导入素材 1、2、3，调整大小和位图，最终效果如图 7-2-58 所示。

图 7-2-58

第八章 DM 单设计

【导言】

DM 单又称宣传单，是当下宣传企业形象或产品服务的主要平面宣传品之一。相对于其他宣传品，其所含的信息更为丰富，详细说明产品的功能、用途及其优点（与其他产品不同之处），诠释企业的文化理念。现在已广泛运用于展会招商、房产楼盘销售、学校招生、产品推介、打折促销等。本文以商城促销 DM 单和餐馆 DM 单为例，讲解如何在 CorelDRAW 中制作 DM 单。

【学习目标】

- 掌握 DM 单的版式设计
- 熟练使用封套工具
- 熟练使用立体化工具
- 熟练使用艺术笔工具

8.1 理论基础

8.1.1 DM 单基础知识

DM 是英文 direct mail advertising 的省略表述，指的是通过邮寄、赠送等形式将宣传品送到消费者的手中，因此，DM 单的重点是强调直接投递或邮寄到用户。DM 单一般为单张双面或单面，材质有传统的铜版纸和现在流行的餐巾纸。现在技术不断完善，一般都选用数码快印机，跟打印机原理一样，不需要传统的菲林、制版等复杂工序，只需要跟我们平时打印一样打印出来，但不足之处是，颜色饱和度及印刷清晰度会比印刷机差一些，但速度快、成本低，如不是行内人一般难于分辨。

DM 单不同于其他传统广告媒体，它可以有针对性地选择目标对象，有的放矢，减少浪费。同时，DM 是针对已选定的用户投放广告，能有针对性、目的性的对事先选定的对象直接实施广告，广告接受者容易产生其他传统媒体无法比拟的优越感，使其更自主关注产品。一对一地直接发送，可以减少信息传递过程中的客观挥发，使广告效果达到最大化，企业可以自主选择广告时间、区域，灵活性大，更加适应善变的市场。DM 单的版式较为自由，所含信息也非常丰富，能够有利于买卖双方的双向沟通，如图 8-1-1 所示。

图 8-1-1

8.1.2 DM 单版式设计

1. 情感诉求

在版面中选择有感情倾向的文字或图片，以美好的情感来烘托主题，追求文学性的意境与情感诉求。表现方式上以进行艺术性处理为主，或者采用感人的真实图片，引起消费者共鸣，使广告倍添风采，震撼人心。或者让 DM 广告变得轻松、愉快和亲切、温馨，与消费者拉近距离。这种基于人性化的宣传策略，从感情上笼络潜在的消费者，引导消费者形成购买欲，进而转变成购买行为，如图 8-1-2 所示。

2. 易读性

为了吸引受众眼球，在设计时要用视觉引导线、有冲击力的图片和鲜艳的颜色，合理划分版式功能，形成有力的展现方式，如图 8-1-3 所示。

3. 艺术性

DM 单的创意与设计要新颖别致，制作精美，才能够在读者内心留下深刻的印象，从而真正达到宣传的目的。因此，设计的 DM 作品要让人舍不得丢弃，就要确保其具有吸引力和保存价值，要用艺术性来突出广告产品与众不同的特征，用艺术手法表现其他同类产品所不能表达的功能和便利，如图 8-1-4 所示。

图 8-1-2

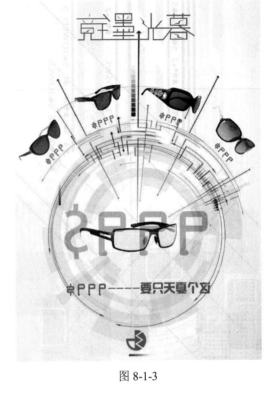

图 8-1-3

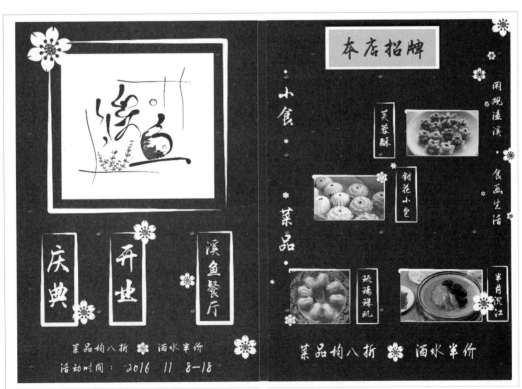

图 8-1-4

4. 主次分明

在 DM 单中，需要重点强调的内容有：产品或企业的名称；产品或企业的特殊；企业的定位或是面向消费者；购买方式；售后服务。上下版式是 DM 单最常见的构图模式，如图 8-1-5 和图 8-1-6 所示。另一种常见的版式则是按照标题、图片、文字排列，使 DM 单条理清晰，如图 8-1-7 和图 8-1-8 所示。

图 8-1-5

图 8-1-6

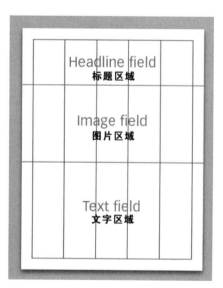

图 8-1-7

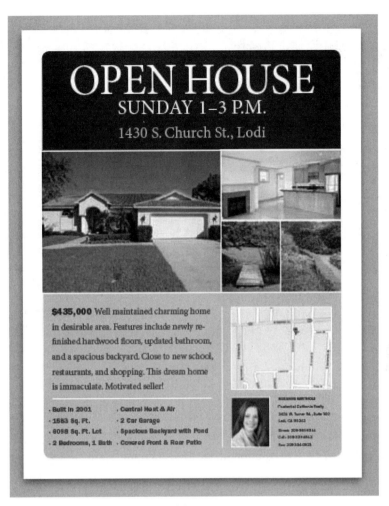

图 8-1-8

8.2 案例演练

8.2.1 项目1——商城促销DM单设计

一、案例分析

本案例将使用工具箱中的矩形工具□(F6)、手绘工具↑(F5)、形状工具↖(F10)、文字工具字(F8)、立体化工具、封套工具、颜色滴管工具✐、交互式填充工具◈(G)，以及通过属性栏改变对象属性，最终效果图如图8-2-1所示。

二、方案策划

本案例遵循商城 DM 单一贯的设计风格，以红色和黄色为主色调，采用立体化的设计突出促销信息。

图 8-2-1

三、操作步骤

（1）启动 CorelDRAW X8 程序，单击"文件"→"新建"命令，创建一个新文档。新文档命名为"商场促销宣传"，宽度为 420mm，高度为 297mm，渲染分辨率为 300dpi，如图 8-2-2 所示。

图 8-2-2

（2）利用矩形工具绘制一个 210mm×297mm 的矩形，填充颜色#EEE100，去除轮廓，锁定对象。使用贝塞尔曲线绘制标志 1 使用文本工具输入文字，填充相应的颜色，效果如图 8-2-3 所示。

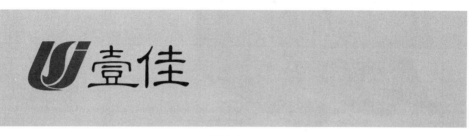

图 8-2-3

（3）利用文本工具输入文字，设置颜色为#E62129 和字体样式，按 Ctrl+K 组合键打散文字，并对文字进行组合并复制一份，如图 8-2-4 所示。单个选择文字，使用立体化工具制作立体化效果，立体化颜色设置如图 8-2-5 所示，并设置立体化方向和偏转方向，如图 8-2-6 所示。其他 3 个字的立体化效果制作方法一样。将复制的文字填充颜色为#FFF8A3，放于立体文字的上面，效果如图 8-2-7 所示。

图 8-2-4

图 8-2-5

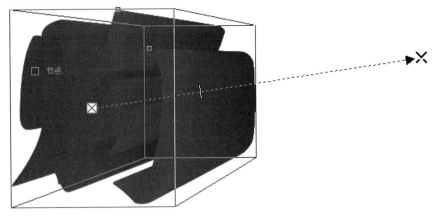

图 8-2-6

图 8-2-7

（4）选择多边形工具"星形"，绘制一个星星，填充颜色为#004DB5，去除轮廓，如图 8-2-8 所示。选择星星，使用立体化工具为星星添加立体化效果、立体颜色渐变，如图 8-2-9 所示，立体方向和偏转方向如图 8-2-10 所示。选择立体星星上方的星星，填充颜色为#059BFF，轮廓粗细为 0.25mm，颜色为#19FFFF，如图 8-2-11 所示，然后将星星缩小至与立体星星上面的星星重合，如图 8-2-12 所示。然后选择星星的所有内容组合，使用封套工具进行变形调整，如图 8-2-13 所示。其他 2 个立体星星制作方法类似。综合调整所有立体星星和相关元素，得到最终效果，如图 8-2-14 所示。

图 8-2-8

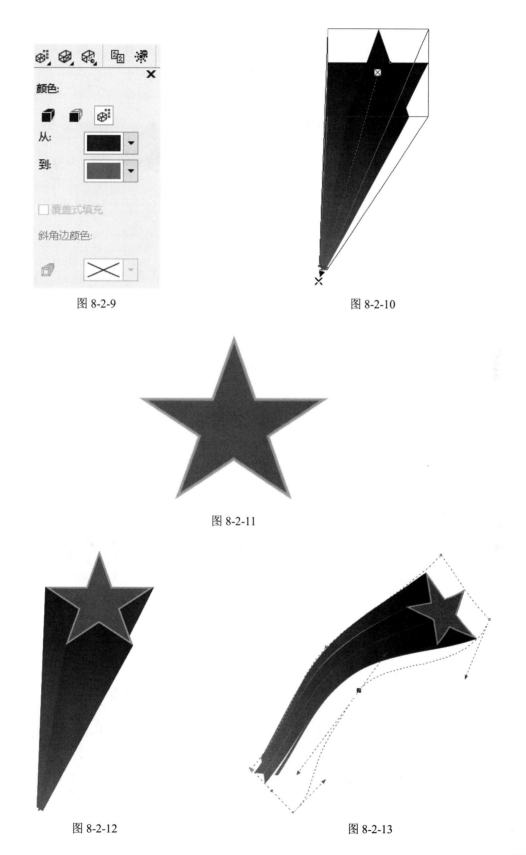

图 8-2-9

图 8-2-10

图 8-2-11

图 8-2-12

图 8-2-13

图 8-2-14

（5）利用矩形工具绘制礼盒的面，添加交互式填充效果和透视效果，如图 8-2-15 所示。利用贝塞尔曲线工具绘制正面的心形图案和彩带，添加交互式填充效果和透视效果，如图 8-2-16 所示。利用贝塞尔曲线工具绘制礼盒顶部的礼花和阴影，选择礼花右键转为曲线后，使用形状工具对其进行变形调整，并添加交互式填充效果和透视效果，如图 8-2-17 所示。使用选择工具和辅助线对礼盒元素进行调整，得到最终效果，如图 8-2-18 所示。其他几个礼盒的制作方法类似，与导入礼盒素材进行组合，得到礼盒最终效果，如图 8-2-19 所示。

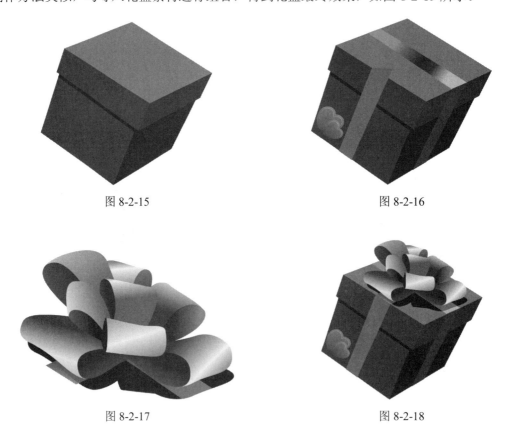

图 8-2-15　　　　　　　　　　　　　　图 8-2-16

图 8-2-17　　　　　　　　　　　　　　图 8-2-18

图 8-2-19

（6）导入气球素材和闪星素材，将其与立体文字、立体星星、礼盒等元素组合在一起，效果如图 8-2-20 所示。

图 8-2-20

（7）利用矩形工具绘制矩形，去除轮廓，填充任意色，设置其圆角属性，导入素材放置于矩形内部，如图 8-2-21 所示。再绘制一个同宽度的矩形，设置其圆角属性，填充颜色为 #FEFEFE，轮廓颜色为#E50012，粗细设置为 0.25，选择长虚线样式，如图 8-2-22 所示。使用椭圆形工具绘制正圆，使用多边形工具绘制小三角形，将小三角形旋转至合适的位置，选择圆和小三角形进行合并，得到气泡效果，如图 8-2-23 所示。使用文本工具输入文字，并使用形状工具调整其字间距、行间距，按 Ctrl+K 组合键打散文字，调整其字体、字号、颜色等属性，使用选择工具和辅助线将内容对齐，效果如图 8-2-24 所示。

图 8-2-21

图 8-2-22

图 8-2-23

图 8-2-24

（8）运用步骤（7）同样的方法，对其他产品进行类似的设计，效果如图 8-2-25 所示。导入二维码素材，使用贝塞尔曲线绘制小图标，使用文本工具输入文字，并使用形状工具调整其字间距、行间距，调整其字体、字号、颜色等属性。最后使用选择工具和辅助线对页面内容进行调整，页面最终效果如图 8-2-26 所示。

图 8-2-25

图 8-2-26

（9）利用矩形工具绘制矩形，填充颜色为#EEE100，去除轮廓，锁定对象。使用矩形工具绘制第一个矩形，设置其圆角属性，填充颜色为#35B1ED，去除轮廓。绘制第二个矩形，设置其圆角属性，轮廓颜色为#FEFEFE，粗细设置为1mm，选择长虚线样式，填充设置为无。绘制第三个矩形，设置其圆角属性，填充颜色为#FEFEFE，去除轮廓。绘制第四个矩形，设置其圆角属性，轮廓填充为#EEE100，粗细设置为细线，填充为无，使用文本工具输入文字。改变其叠加顺序和进行对齐活动对象，效果如图8-2-27所示。

图 8-2-27

（10）利用矩形工具绘制矩形，填充任意色，轮廓为无，导入产品素材置入其内部。使用文本工具输入文字，并使用形状工具调整其字间距、行间距，按 Ctrl+K 组合键打散文字调整其字体、字号、颜色等属性。使用选择工具和辅助线将内容对齐，效果如图 8-2-28 所示。其他产品设计方法类似，效果如图 8-2-29 所示。

图 8-2-28

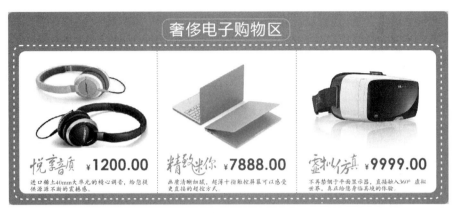

图 8-2-29

　　（11）运用步骤（9）、（10）同样的方法，对其他产品进行类似的设计，效果如图 8-2-30 所示。使用贝塞尔曲线绘制小图标，使用文本工具输入文字，并使用形状工具调整其字间距、行间距，调整其字体、字号、颜色等属性。最后使用选择工具和辅助线对页面内容进行调整，得到页面最终效果，如图 8-2-31 所示。

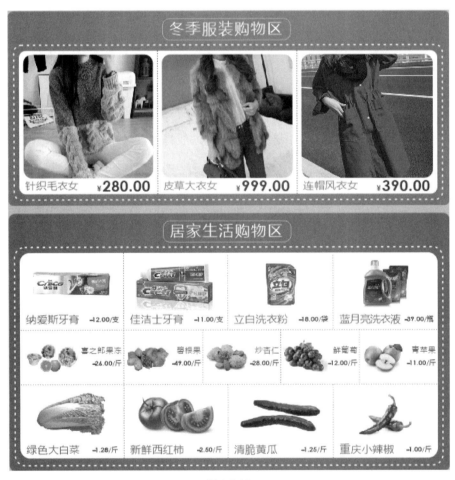

图 8-2-30

 重庆壹佳购物商场

奢侈电子购物区

悦享音质 ¥1200.00
进口稀土40mm大单元的精心调音，给您提供清澈不颤的聆听感。

精致迷你 ¥7888.00
由优质新加胶，超薄十态触控屏幕可以感受充足轻的羽控方式。

堂机仿真 ¥9999.00
不易紧细于手的显示器，直接插入360°虚拟世界，真实场景身临其境的体验。

冬季服装购物区

针织毛衣女 ¥280.00　　皮草大衣女 ¥999.00　　连帽风衣女 ¥390.00

居家生活购物区

纳爱斯牙膏 ¥2.00/支　　佳洁士牙膏 ¥1.00/支　　立白洗衣粉 ¥8.00/袋　　蓝月亮洗衣液 ¥39.00/瓶

喜之郎果冻 ¥26.00/斤　　碧根果 ¥49.00/斤　　炒杏仁 ¥28.00/斤　　鲜葡萄 ¥12.00/斤　　青苹果 ¥11.00/斤

绿色大白菜 ¥1.28/斤　　新鲜西红柿 ¥2.50/斤　　清脆黄瓜 ¥1.25/斤　　重庆小辣椒 ¥1.00/斤

重庆壹佳购物商场　　📞023-67686666　023-6768999(投诉)　　((•)) www.yijia.com

图 8-2-31

8.2.2 项目 2——餐馆 DM 单设计

一、案例分析

本案例将使用工具箱中的矩形工具▢(F6)、椭圆形工具○(F7)、手绘工具🐾(F5)、形状工具🔧(F10)、文字工具🔠(F8)、颜色滴管工具✏、交互式填充工具🔷(G)，以及通过属性栏改变对象属性，最终效果图如图 8-2-32 所示。

图 8-2-32

二、方案策划

这张 DM 单以米色为背景，来衬托美食鲜艳的色泽。主体图案以厨师和功夫的意向来传递"真功夫、好味道"的特色。

三、操作步骤

（1）启动 CorelDRAW X8 程序，单击"文件"→"新建"命令，创建一个新文档。新文档命名为"餐厅宣传单"，宽度为 420mm，高度为 297mm，渲染分辨率为 300dpi，如图 8-2-33 所示。

（2）利用矩形工具绘制 210mm×297mm 矩形，填充颜色#AB803F，去除轮廓，等比例缩小复制矩形，填充颜色#FEF5E0，去除轮廓，导入素材，将素材置入较小矩形内部，选择 2 个矩形进行活动对象垂直居中对齐、水平居中对齐，如图 8-2-34 所示。

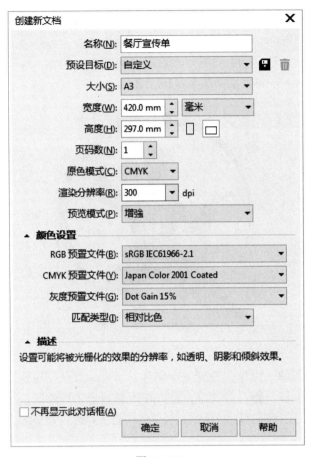

图 8-2-33

（3）导入素材标志，利用文本工具输入文字并使用形状工具调整其字间距，改变文字字体、字号、颜色等属性，最后使用两点线工具绘制竖直线并水平复制，得到效果如图 8-2-35 所示。

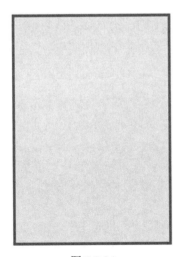

图 8-2-34

图 8-2-35

（4）利用艺术笔工具选择合适的笔刷沿圆形绘制一条路径，转换为曲线后使节点断开，使其成为一个不封闭的圆形。使用交互式填充工具两色渐变，去除轮廓，将此圆等比例缩小复制一个，将两个圆放大进行左下对齐，然后选择两圆进行简化，导入人物素材，使用选择工具和辅助线进行调整，得到效果如图 8-2-36 所示。

图 8-2-36

（5）利用文本工具输入文字，设置文字字体、字号、颜色等属性，使用形状工具调整其字间距，然后按 Ctrl+K 组合键打散文字，最后使用椭圆形工具绘制正圆，去除填充，设置轮廓粗细，选中圆圈与字进行垂直居中对齐、水平居中对齐，改变叠加顺序并组合，如图 8-2-37 所示。

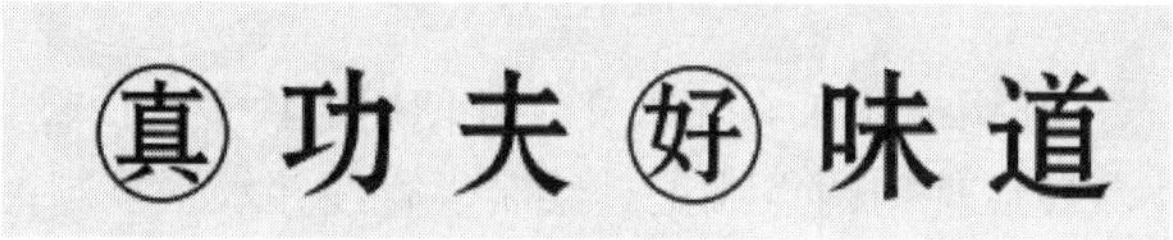

真功夫好味道

图 8-2-37

（6）利用文本工具输入文字，使用形状工具调整其字间距、行间距，调整其字体、字号、颜色等属性，使用选择工具和对齐方式对内容进行调整，如图 8-2-38 所示。

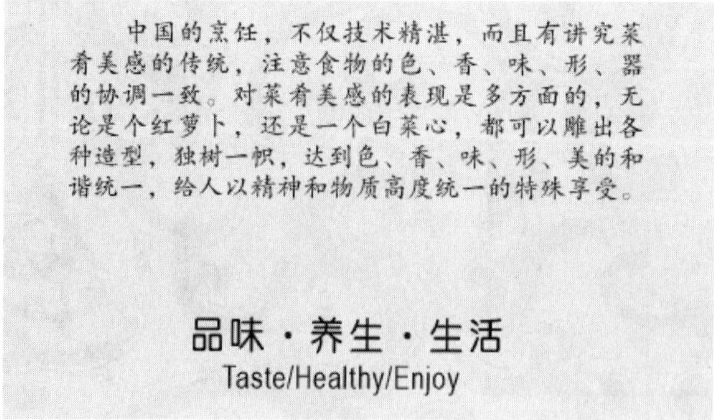

中国的烹饪，不仅技术精湛，而且有讲究菜肴美感的传统，注意食物的色、香、味、形、器的协调一致。对菜肴美感的表现是多方面的，无论是个红萝卜，还是一个白菜心，都可以雕出各种造型，独树一帜，达到色、香、味、形、美的和谐统一，给人以精神和物质高度统一的特殊享受。

品味·养生·生活
Taste/Healthy/Enjoy

图 8-2-38

（7）利用选择工具和形状工具以及辅助线对页面内容进行对齐调整，得到页面最终效果，如图 8-2-39 所示。

图 8-2-39

（8）复制带有花纹的矩形，设置其大小为 210mm×297mm，右键锁定对象。利用矩形工具绘制矩形，去除填充，将轮廓颜色设置为#AB803F，再绘制一个小正方形，使用选择工具复制 3 个，分别放于矩形四角相应的位置，选中矩形和 4 个小正方形进行修剪，并将小正方形缩小放置于矩形四角外面相应位置，得到效果如图 8-2-40 所示。

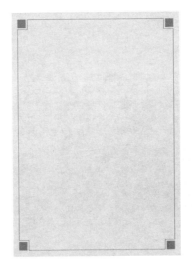

图 8-2-40

（9）利用文本工具输入文字，并使用形状工具调整其字间距、行间距，调整其字体、字号、颜色等属性。使用椭圆形工具绘制小正圆和使用两点线工具绘制水平直线，使用选择工具和对齐命令对其进行调整，得到效果如图 8-2-41 所示。

图 8-2-41

（10）利用文本工具输入文字，并使用形状工具调整其字间距、行间距，调整其字体、字号、颜色等属性。按 Ctrl+K 组合键打散文字，使用选择工具和旋转命令重新组合，得到效果如图 8-2-42 所示。

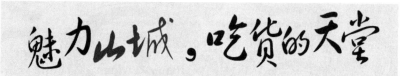

图 8-2-42

（11）利用矩形工具绘制矩形，设置其圆角属性，导入素材并置于矩形内部。利用文本工具输入文字，设置为竖排，并使用形状工具调整其字间距、行间距，调整其字体、字号、颜色等属性，得到效果如图 8-2-43 所示。

图 8-2-43

（12）利用文本工具输入文字，并使用形状工具调整其字间距、行间距，调整其字体、字号、颜色等属性，得到效果如图 8-2-44 所示。

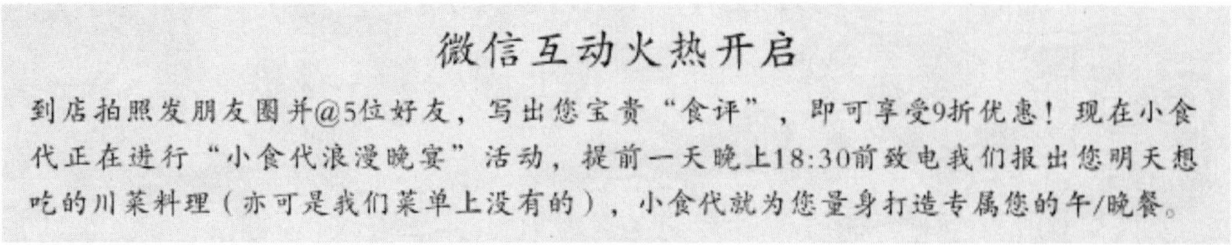

微信互动火热开启
到店拍照发朋友圈并@5位好友，写出您宝贵“食评”，即可享受9折优惠！现在小食代正在进行“小食代浪漫晚宴”活动，提前一天晚上18:30前致电我们报出您明天想吃的川菜料理（亦可是我们菜单上没有的），小食代就为您量身打造专属您的午/晚餐。

图 8-2-44

（13）利用选择工具和形状工具以及辅助线对页面内容进行对齐调整，得到页面最终效果，如图 8-2-45 所示。

小食代
美食特惠季
特级厨师·私房特“技”·非“尝”不可
每周上新一枚私房菜，尝鲜9.5折！
富力·大学城学生更享折上9.7折！
魅力山城，吃货的天堂
麻辣火鍋
重庆
微信互动火热开启
到店拍照发朋友圈并@5位好友，写出您宝贵“食评”，即可享受9折优惠！现在小食代正在进行“小食代浪漫晚宴”活动，提前一天晚上18:30前致电我们报出您明天想吃的川菜料理（亦可是我们菜单上没有的），小食代就为您量身打造专属您的午/晚餐。
食代地址：重庆市沙坪坝区富力·大学城熙街二期（轨道交通1号线、各路公交均可到达）
订餐热线：023-67689666 023-67688666
投诉热线：023-67689555

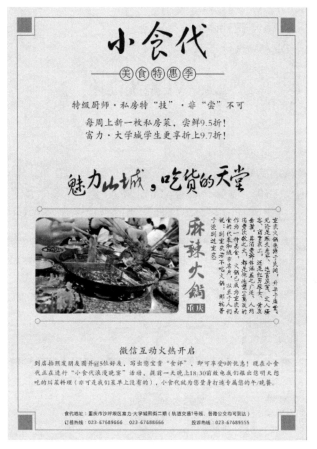

图 8-2-45

第九章　综合实训

【导言】

本章学习如何用 CorelDRAW 制作 VI 手册、画册和包装。这三类设计在平面设计中都属于较大型的项目。通过完成综合训练，更深刻地掌握 CorelDRAW 的运用技能。

【学习目标】

● 综合运用 CorelDRAW 设计 VI 系统
● 综合运用 CorelDRAW 设计画册
● 综合运用 CorelDRAW 设计包装

9.1　VI 系统设计

一、案例分析

本案例将使用工具箱中的矩形工具□(F6)、椭圆形工具○(F7)、多边形工具○(Y)、手绘工具⁑(F5)、形状工具↖(F10)、文字工具字(F8)、透明度工具▦、颜色滴管工具✒、交互式填充工具◈(G)，以及通过属性栏改变对象属性，最终效果图如图 9-1-1 所示。

图 9-1-1

二、方案策划

重庆壹佳购物商城是一所综合性的百货商城，经过 30 逾年的发展，已形成了百货、超市、电器、汽车贸易等多业态发展的经营格局，培育了电子商务、消费金融、供应链金融及质量检测等新兴产业，享誉巴渝，广受大众消费者和中产阶级的信赖与喜爱。

三、操作步骤

（1）启动 CorelDRAW X8 程序，单击"文件"→"新建"命令，创建一个新文档。新文档命名为"壹佳商城 VI"，宽度为 420mm，高度为 285mm，渲染分辨率为 300dpi，如图 9-1-2 所示。

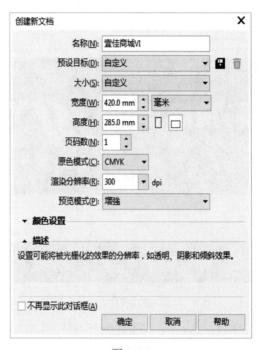

图 9-1-2

（2）单击"视图"→"标尺"、"辅助线"命令，调出标尺和辅助线。新建 VI 中线和上下左右出血线等辅助线，如图 9-1-3 所示。

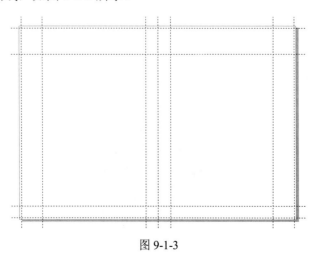

图 9-1-3

（3）利用矩形工具绘制矩形条，填充颜色为#E50012，去除轮廓；使用多边形工具中的三角形绘制小三角，填充颜色为#FEFEFE，去除轮廓，对其与矩形条进行修剪，如图 9-1-4 所示。使用贝塞尔曲线绘制商城标志，使用文本工具输入商城名称等文字，对其字体、字号、颜色等属性进行调整，使用形状工具对文字的字间距、行间距进行调整，如图 9-1-5 所示。利用选择工具和形状工具以及辅助线，对 VI 页头内容进行调整，得到最终效果，如图 9-1-6 所示。

图 9-1-4

图 9-1-5

图 9-1-6

（4）运用步骤（3）同样的方法，制作 VI 页头右侧部分。对 VI 页头整体内容进行调整，并按 Ctrl+G 组合键组合，如图 9-1-7 所示。

图 9-1-7

（5）利用矩形工具绘制小矩形，设置其圆角属性，使用文本工具输入文字，对其字体、字号、颜色等属性进行调整并采用垂直居中对齐方式，如图 9-1-8 所示。使用文本工具输入标题、正文文字，对其字体、字号、颜色等属性进行调整，使用形状工具对文字的字间距、行间距进行调整，如图 9-1-9 所示。

图 9-1-8

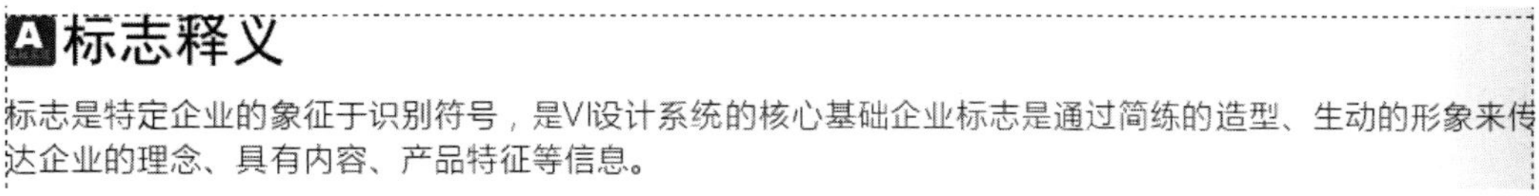

A 标志释义

标志是特定企业的象征于识别符号，是VI设计系统的核心基础企业标志是通过简练的造型、生动的形象来传达企业的理念、具有内容、产品特征等信息。

图 9-1-9

（6）复制商城标志，填充其标准色，去除轮廓。使用椭圆形工具绘制小圆，使用滴管工具吸取标志上相应的颜色，去除轮廓，使用文本工具输入文字，对其字体、字号、颜色等属性进行调整并与小圆水平居中对齐，如图 9-1-10 所示。

● 主色调 #E50012　　● 辅色调 #003F98

图A1-1 商城标志

图 9-1-10

（7）利用矩形工具绘制竖式矩形条，填充颜色为#332C2B，去除轮廓，使用透明度工具对其进行线性渐变，然后将其置入背景矩形内，得到页面效果如图 9-1-11 所示。

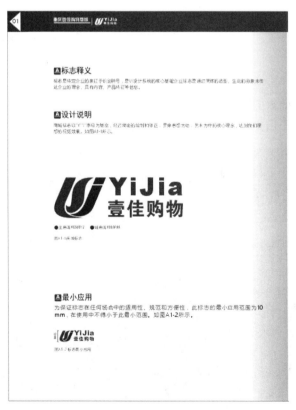

图 9-1-11

（8）单击"表格"→"创建新表格"命令，创建表格。使用两点线工具绘制标尺刻度，使用文本工具输入文字并改变文字方向，对其字体、字号、颜色等属性进行调整，使用形状工具对文字的字间距、行间距进行调整，如图 9-1-12 所示。

图 9-1-12

（9）设计书籍类的封面时，一定要根据客户的需求和印刷材质的特性决定是否保留书脊宽度。在本 VI 中，封面留出了 10mm 的书脊设计空间，如图 9-1-13 所示。

图 9-1-13

（10）运用步骤（2）～（8）同样方法，结合辅助线、对齐方式等手段对页面进行调整，即可制作完成 VI 后面内容。

9.2　画册设计

一、案例分析

本案例将使用工具箱中的矩形工具▢(F6)、多边形工具⬡(Y)、手绘工具✎(F5)、形状工具✎(F10)、裁剪工具✄、文字工具字(F8)、透明度工具▦、颜色滴管工具✐、交互式填充工具◈(G)，以及通过属性栏改变对象属性，最终效果图如图 9-2-1 所示。

二、方案策划

"魅力山城"画册是介绍重庆的一本旅游画册，这本画册的封面以山城风景为背景，内容页采用水平构图版式。图片排版采用蜂巢结构和打破网格两个版式为主，配色以山城的特色——"火锅"的红为主色，背景为白色，显得主次清晰。

图 9-2-1

三、操作步骤

（1）启动 CorelDRAW X8 程序，单击"文件"→"新建"命令，创建一个新文档。新文档命名为"魅力山城画册"，宽度为 210mm，高度为 297mm，渲染分辨率为 300dpi，如图 9-2-2 所示。

图 9-2-2

（2）双击矩形工具图标自动绘制与文件相同大小的矩形，填充颜色为#FEFEFE。使用贝塞尔曲线工具绘制图形，如图 9-2-3 所示；并导入素材图片置入图形内，如图 9-2-4 所示。使用文本工具输入文字，按 Ctrl+K 组合键打散，进行重新组合，如图 9-2-5 所示。

图 9-2-3

图 9-2-4

图 9-2-5

（3）导入封面图片，将其置入封底矩形框内，使用裁剪工具对其裁剪并镜像，使其与封面衔接，如图 9-2-6 所示。衔接完成后，使用透明度工具对封底从上到下渐变透明度，达到虚柔的效果，如图 9-2-7 所示。使用文本工具输入文字，选择竖排属性，按 Ctrl+K 组合键打散，重新组合，如图 9-2-8 所示。

图 9-2-6

图 9-2-7

图 9-2-8

（4）利用贝塞尔曲线工具绘制"重庆非去不可"标志，标志中小山使用交互式渐变命令，如图 9-2-9 所示。利用文本工具输入文字，打散并重新组合，填充相应的颜色，如图 9-2-10 所示。最后输入小字，使用形状工具对其进行调整，最终效果如图 9-2-11 所示。

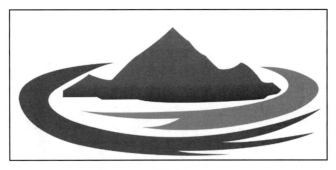

图 9-2-9

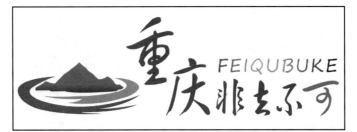

FEIQUBUKE
重庆非去不可

图 9-2-10

FEIQUBUKE
重庆非去不可
巴渝文化是长江上游最富有鲜明个性的民族文化之一。巴渝文化起源于巴文化。它是指巴族和巴国在历史的发展中所形成的地域性文化。巴人一直生活在大山大川之间，大自然的熏陶、险恶的环境，练就一种顽强、坚韧和剽悍的性格，因此巴人以勇猛、善战而称。
全市共有自然、人文景点300余处，其中有世界文化遗产1个（大足石刻），世界自然遗产1个（重庆武隆喀斯特旅游区），国家5A级景区7个，全国重点文物保护单位13个，国家重点风景名胜区6个，国家森林公园24个，国家地质公园6个，国家级自然保护区4个，全国重点文物保护单位20个。

图 9-2-11

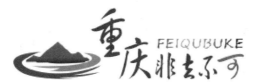

（5）利用矩形工具绘制矩形，将其属性设置为圆角，导入素材，将其置入矩形内，如图 9-2-12 所示。利用贝塞尔曲线工具结合形状工具绘制印章，改变图层叠加顺序并输入文字，如图 9-2-13 所示。将图片和印章选中打散重新组合，对其旋转，如图 9-2-14 所示。利用文本工具，输入文字，调整其字体、字号、颜色等属性，如图 9-2-15 所示。最终效果如图 9-2-16 所示。

图 9-2-12

图 9-2-13

图 9-2-14

仙女山：AAAAA景区

标签：国家森林公园、重庆十佳旅游景点

仙女山位于重庆市武隆县境乌江北岸，地属武陵山脉，距重庆市主城区180公里，海拔2033米，拥有森林33万亩，天然草原10万亩，夏季平均气温24度。以其江南独具魅力的高山草原，南国罕见的林海雪原，青幽秀美的丛林碧野景观，被誉为"南国第一牧原"和"东方瑞士"，其旖旎美艳的森林草原风光在重庆独树一帜。

图 9-2-15

（6）利用多边形工具绘制六边形，去除填充，填充轮廓为#F6F6F6，设置样式等属性；复制 4 个同属性的六边形并进行排列组合，如图 9-2-17 所示。导入素材，置入六边形内如图 9-2-18 所示。对之前绘制的印章进行变形，并输入文字，如图 9-2-19 所示。

图 9-2-16

图 9-2-17

图 9-2-18

图 9-2-19

（7）利用矩形工具绘制一个矩形框和一个矩形条，设置矩形框左上角的圆角属性，然后使矩形框和矩形条底对齐并合并，如图 9-2-20 所示。利用文本工具输入文字，对其字体、字号、颜色等属性进行调整，使用形状工具对文字的字间距、行间距进行调整，如图 9-2-21 所示。最后对页面进行对齐方式调整，如图 9-2-22 所示。利用文本工具输入文字，调整其字体、字号、颜色等属性，进行水平和垂直复制，对其进行对齐方式调整，然后选中所有文字组合并旋转，将制作好的文字置入矩形背景内，如图 9-2-23 所示。

图 9-2-20

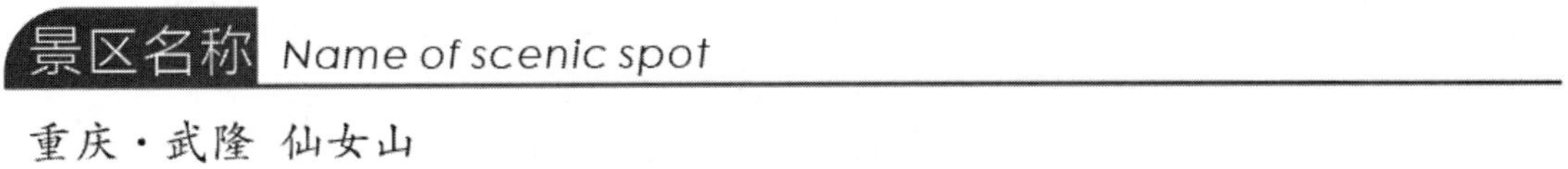

景区名称 Name of scenic spot

重庆·武隆 仙女山

图 9-2-21

图 9-2-22

图 9-2-23

9.3 包装设计

一、案例说明

本案例综合运用贝塞尔曲线、PowerClip、透镜工具，完成手提袋和包装盒的设计，最终效果图如图 9-3-1 所示。

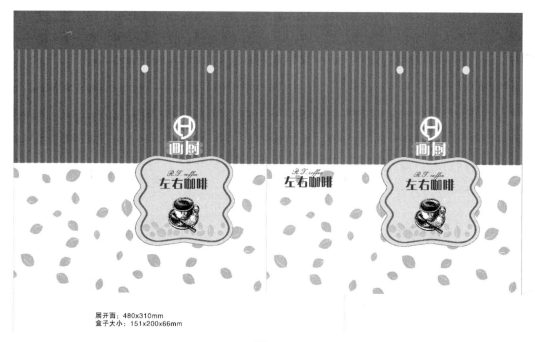

展开面：480x310mm
盒子大小：151x200x66mm

图 9-3-1

二、方案策划

"左右咖啡"的手提袋包装展开面大小为 410mm×310mm，包装盒尺寸为 151mm×200mm×66mm，采用咖啡树叶作为装饰纹样，主色调采用深棕色和米黄色，符合咖啡的品牌主题。

三、操作步骤

【手提袋设计】

（1）依据手提袋的尺寸，新建一个 410mm×310mm 大小的页面。在页面上分别绘制 12 个矩形，尺寸分别是 66mm×200mm 的矩形 2 个，151mm×200mm 的矩形 2 个，66mm×32mm 的矩形 4 个，150mm×32mm 的矩形 4 个，将轮廓填充为 50%黑，如图 9-3-2 所示。

（2）将上下两个作为折叠的矩形组合起来，并填充颜色为"C42M51Y75K9"，如图 9-3-3 所示。

（3）在页面旁边绘制一个矩形，填充颜色为"C42M51Y75K9"，如图 9-3-4 所示。

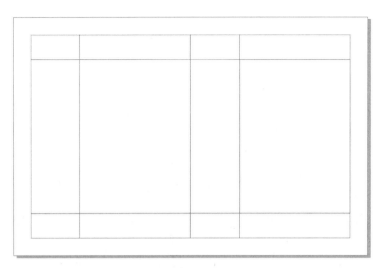

图 9-3-2

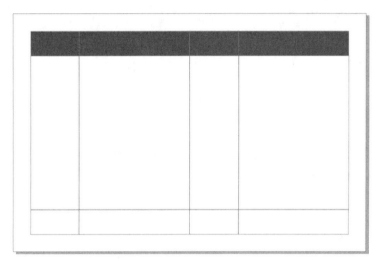

图 9-3-3

图 9-3-4

（4）在棕色矩形基础上再绘制两个矩形，填充颜色为"C42M51Y75K9"，使用调合工具，如图 9-3-5 所示。组合调合群组，应用"透镜""变亮"，"比率"设置为 50%，效果如图 9-3-6 所示。

图 9-3-5

图 9-3-6

（5）导入素材 1，再复制一个素材 1，将其与调合后的矩形组合，如图 9-3-7 所示。复制 3 个同样的对象，分别将其置入手提袋正面的 4 个矩形中，在手提袋上方用圆形工具绘制 4 个圆孔作为提手，效果如图 9-3-8 所示。

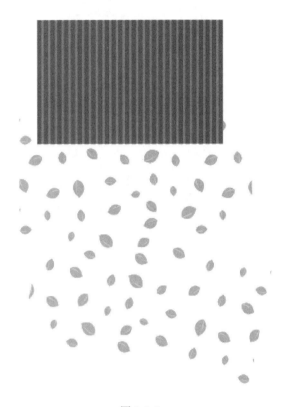

图 9-3-7

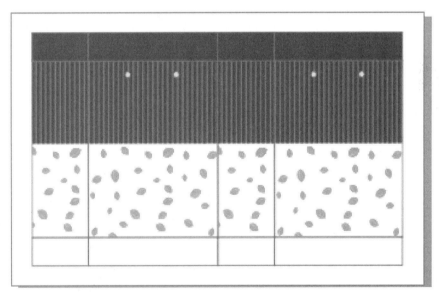

图 9-3-8

（6）输入"左右咖啡"的品牌名称，字体为"方正粗倩简体"，调整大小和位置，如图9-3-9所示。

图 9-3-9

（7）用贝塞尔工具绘制一个标签，并在原位复制 3 个，通过填充颜色和改变轮廓粗细做出重叠的标签效果，如图 9-3-10 所示。导入素材 1 和素材 2，调整大小改变颜色，输入品牌名字，如图 9-3-11 所示。

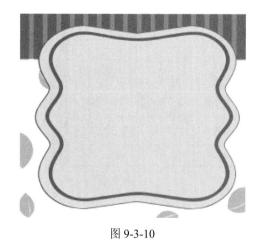

图 9-3-10

图 9-3-11

（8）用贝塞尔曲线和文本工具绘制 logo，填充为白色，效果如图 9-3-12 所示。用贝塞尔曲线绘制几个不规则的椭圆置于 logo 下方，应用透镜效果，效果如图 9-3-13 所示。再用贝塞尔曲线绘制几个不规则的矩形，同样置于 logo 下方，效果如图 9-3-14 所示。

图 9-3-12

图 9-3-13

图 9-3-14

（9）标志绘制好了之后，复制同样的内容放在手提袋的另外两面，调整位置和大小，效果如图 9-3-15 所示。

图 9-3-15

（10）在侧面绘制包装的折叠处，轮廓为50%黑色，在手提袋底部输入尺寸大小，效果如图 9-3-16 所示。

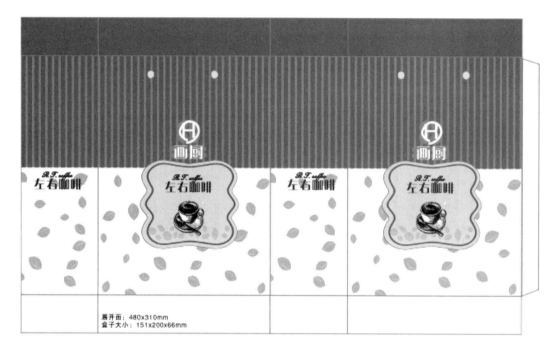

图 9-3-16

（11）整体调整位置和大小，最终效果如图 9-3-17 所示。

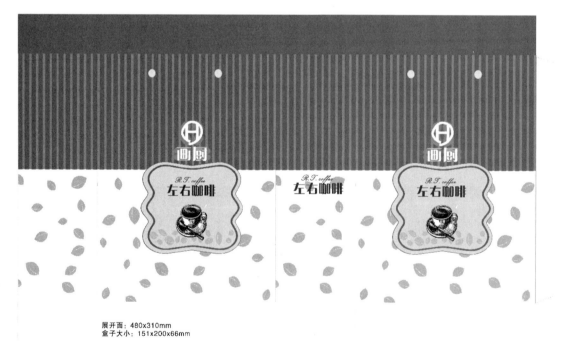

图 9-3-17

【包装盒设计】

按同样的方法绘制咖啡盒 1 和咖啡盒 2，效果如图 9-3-18 和图 9-3-19 所示。

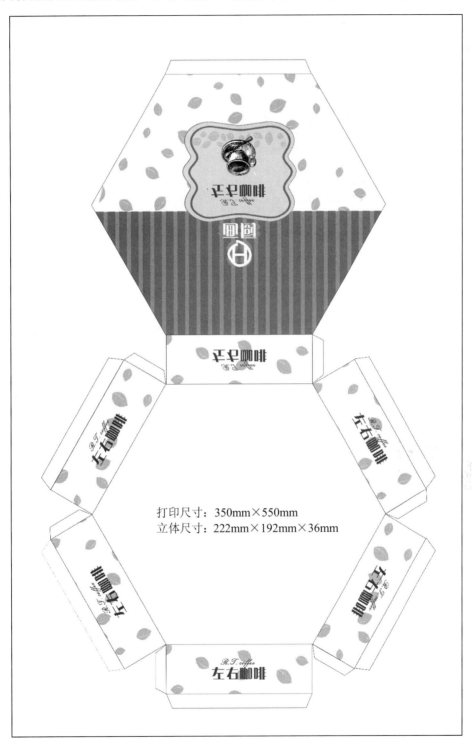

打印尺寸：350mm×550mm
立体尺寸：222mm×192mm×36mm

图 9-3-18

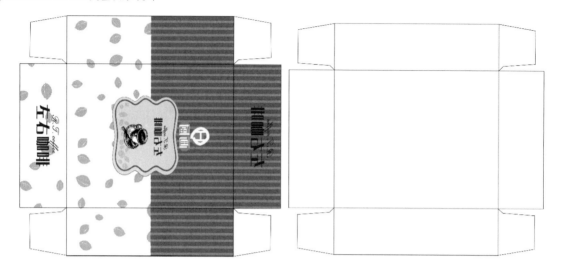

打印尺寸：360mm×160mm

立体尺寸：96mm×116mm×32mm

图 9-3-19